畜牧技术推广员推荐精品书系

獭兔生产配套技术手册

韩香芙

U0256249

中国农业出版社

图书在版编目（CIP）数据

獭兔生产配套技术手册/韩香芙主编. —北京：
中国农业出版社，2014.12
（畜牧技术推广员推荐精品书系）
ISBN 978-7-109-20054-8

Ⅰ.①獭… Ⅱ.①韩… Ⅲ.①兔-饲养管理-技术手
册 Ⅳ.①S829.1-62

中国版本图书馆 CIP 数据核字（2015）第005388号

中国农业出版社出版
（北京市朝阳区麦子店街18号楼）
（邮政编码100125）
责任编辑 张艳晶 郭永立

中国农业出版社印刷厂印刷 新华书店北京发行所发行
2015年4月第1版 2015年4月北京第1次印刷

开本：889mm×1194mm 1/32 印张：7.75
字数：192千字
定价：22.00元
（凡本版图书出现印刷、装订错误，请向出版社发行部调换）

编写人员

主　编　韩香芙

副主编　刘济民　刘文英

　　　　张丽娟

参　编　孙　巍　王维巍

　　　　巩薇娜　赵靖晖

　　　　张明娟

本书有关用药的声明

　　兽医科学是一门不断发展的学科，标准用药安全注意事项必须遵守。但随着科学研究的发展及临床经验的积累，知识也不断更新，因此治疗方法及用药也必须或有必要做相应的调整。建议读者在使用每一种药物之前，参阅厂家提供的产品说明以确认推荐的药物用量、用药方法、所需用药的时间及禁忌等。医生有责任根据经验和对患病动物的了解决定用药量及选择最佳治疗方案。出版社和作者对任何在治疗中所发生的对患病动物和/或财产所造成的伤害不承担任何责任。

中国农业出版社

前言
Foreword

獭兔是具有较高经济价值和多种用途的动物。它的毛皮色型多，光泽好，绒毛细密平整，制成裘皮具有柔软、保暖、美观的特点，备受人们的喜爱。獭兔肉含高蛋白、低脂肪，营养价值很高，是老、少、病、弱、孕者理想的营养肉食品。在国外，獭兔肉被誉为"美容肉"。美国营养专家把獭兔肉列为"益智食品"的榜首。同时，獭兔具有繁殖力强、饲养周期短、养殖技术简单、生产潜力大的特点。一只母兔每年可繁殖4～5胎，可育成兔25～30只，每只商品兔的皮肉收入可达100～150元，每只母兔年产值3 000～5 400元。因此，养殖獭兔在我国农村是一项勤劳致富的短、平、快项目。适应面广，值得推广。

本书是作者在总结多个獭兔养殖场经验的基础上，针对我国獭兔生产中急需解决的问题，组织编写的。全书共分十章，从獭兔的生产和前景、獭兔的生物学特性、獭兔的遗传育种、繁殖、营养、饲料、饲养管理、兔舍建设、兔病防疫措施及常用技术、主要疾病诊断及防治等方面做了细致、全面的阐述，对从事獭兔规模养殖的养殖人员具有较强的指导作用。

在编写过程中，作者除参考了大量的文献资料和书籍外，还得到了相关獭兔专家和獭兔饲养者的建议，在此特表谢意。由于编写仓促，且作者水平有限，不足之处在所难免，望广大读者多提宝贵意见。

编　者

目录
Contents

第一章

獭兔的生产概论

第一节　獭兔的起源与发展

獭兔,又名力克斯兔(Rex rabbit),是一种典型的皮用型兔。因其毛皮绒密柔软,酷似珍贵毛皮兽水獭,故被称之为獭兔。獭兔是一种具有较高经济价值和多用途的动物,它的毛皮色型多、毛色纯正,制成的裘皮具有轻柔、美观的特点,其肉高蛋白、低脂肪、营养价值很高,饲养獭兔具有很大的市场潜力,是广大农村脱贫致富的好项目。

一、獭兔的分类

獭兔在动物分类学上属:动物界,脊索动物门,脊索动物亚门,哺乳纲,兔形目,兔科,兔亚科,穴属,穴兔种,家兔变种。

二、獭兔的起源

獭兔最早出现于法国,系由普通家兔的粗毛基因隐性突变发展而成的。1919 年,一位名叫卡隆的牧场主在一窝普通的灰色兔中,发现了一只短毛多绒的后代兔,绒毛退换后出现一身漂亮的红棕色短毛;与此同时,在另一窝兔中又出现了一只异性个体,后来一位名叫吉利的神父买下了全部突变兔。经几代选育,扩群繁殖,逐渐自成一系。因这种兔子绒毛短而整齐,戗毛不露出绒面,显得异常漂亮,故命名为"Rex rabbit",即"兔中之王"的意思。这就是獭兔的祖先——海狸色獭兔。

三、獭兔的发展

1924 年，獭兔首次在法国巴黎国际家兔博览会上展出，得到了养兔界人士的高度评价，成为当时最受欢迎的新品种之一，从而迅速流传到世界各地。20 世纪 30 年代后，英国、德国、日本和美国等国家相继引入饲养，并培育出许多其他色型的獭兔。目前，在英国得到认可的獭兔色型有 28 种，在美国有 14 种。

第二节　国外獭兔生产概况

一、生产现状

法国是养殖獭兔最早且饲养数量最多的国家之一，是目前世界上最主要的兔皮生产国，年产兔皮在 1 亿张左右。在法国的养兔生产中，农户饲养仍占主要地位，但集约化、工厂化养兔正在迅速发展。养兔生产者的代表机构，最高一级有法国养兔业联合会。规定凡参加联合会的农户至少饲养母兔 20 只以上；另外还有法国养兔科学协会，由生产、科技、教学人员组成。主要研究工作的是养兔学家拉贝克。他选用一只黑色公兔与灰色母兔配种，结果获得两只褐色獭兔。英国与日本是引进獭兔较早的国家，哈瓦那獭兔就是英国育成的一个著名品系。此后，新西兰和澳大利亚也相继引进饲养，新西兰还育成了一种名为帝王的獭兔品系。

美国是目前世界上饲养獭兔数量较多、质量较好的国家之一。1929 年从欧洲、新西兰引种饲养开始，至今已成为一项热门的养殖业。除成立了全美獭兔协会之外，随着养兔生产的发展，在民间也相继成立了獭兔协会组织，拥有会员 3 万余人。据报道，目前美国约有獭兔百万只，各种类型的獭兔场 1 500 余个，绝大多数为业余爱好者所有，其中商业性獭兔场 200 余个，拥有獭兔 100 万～150 万只。美国獭兔选育多注重色型，主要供观赏，为赛兔夺标。近年来，已出现一些以商品生产为主，讲实用、重体型的獭兔饲养场，要求养得多、批量大，用于取皮制裘和制作玩具等供应市场。

二、市场状况

据联合国粮农组织调查，在 64 个发展中国家中，70% 的国家认为獭兔将成为今后的主要食物来源和抗寒毛皮制品的仓库。同时，由于廉价的羊皮生产量有限且以皮革原料皮为主，而貂皮、银狐皮等高档毛皮皮量少而贵，故中档的獭兔皮能起到很好的衔接与补充作用。因此，獭兔裘皮制品将成为最受欢迎的毛皮产品之一。国外对优质獭兔皮的需要量很大，主要市场在欧洲、美洲、东南亚及我国港澳等地区。欧洲毛皮加工业中兔皮占 60%，原料皮需要量很大。法国獭兔皮有 60% 出口到比利时、巴西、美国、西班牙、英国、日本和韩国等地。美国既是獭兔皮的进口国，也是出口国，随国内消费情况而定，其出口国主要是韩国。香港特区是獭兔裘皮大衣的制造地，销售到世界各地；近年来也生产皮褥子及其他产品。

三、生产前景

目前，国外对优质獭兔皮的需求量很大，一直是供不应求，为迅速发展獭兔生产，近年来不少国家和地区已从美国引进獭兔种兔数万只，引种国家主要有韩国、加拿大、墨西哥、秘鲁、新西兰和澳大利亚等。

四、生产特点

在国外，随着人们对獭兔产品需求量的不断增加，促进了獭兔养殖业的发展。目前的生产特点是，农户饲养仍占主要地位，一般每户饲养基础母兔 20~50 只，常规饲养法多以谷物、糠麸、青饲料和干草为主要饲料来源。从发展趋向来看，许多养兔先进国家均已采用颗粒饲料喂兔。在美国颗粒饲料多按哺乳期、妊娠期、断乳期、配种期分别配制，法国生产的颗粒饲料则分别适用于种兔场、繁殖兔场和商品兔场。

国外仔兔断奶时间，最早期断奶为 12～14 日龄，早期断奶在 21～28 日龄，中期断奶在 35～40 日龄，晚期断奶则在 50～60 日龄。法国的大多数兔场，仔兔的哺乳期多在 4 周以上。有研究表明，仔兔在 25 日龄断奶不仅对幼兔生长无害，而且能促进母兔繁殖和改善营养状况。

第三节　国内獭兔生产概况

一、生产现状

我国的獭兔生产已有近 80 年的历史，但真正作为商品生产还是在新中国建立之后。20 世纪 50 年代初，我国从前苏联引进大批獭兔饲养，北京还成立了獭兔繁育指导站，以后相继推广到河北、山东、河南、吉林等 10 多个省、市饲养，但因缺乏科学的饲养管理技术指导，出现乱交滥配现象，致使品种严重退化，兔皮品质下降。1979 年，港商包起昌为支援家乡建设，以补偿贸易形式从美国引进种兔 200 只，在浙江省定海区金塘镇建场饲养，由于各地争相引种，种价太高，不重选育，结果多以中途夭折、失败告终。

为了振兴我国的獭兔生产，1980 年，中国土畜产进出口总公司从美国引进獭兔 2 000 余只；1984 年，农业部也从美国引进獭兔 800 只，分养在北京、浙江、天津、河北、辽宁、吉林、山东、江苏、安徽、陕西等地；1986 年，中国土畜产进出口总公司又接受美国国泰裘皮公司赠送的獭兔 300 只；此后，浙江、四川等省又陆续引进种兔 600 余只。至此，全国已引进獭兔近 4 000 余只，已普及推广到包括新疆、西藏、内蒙古在内的全国各地。目前，全国獭兔存栏数量为 350 万～400 万只，以华北、华东、东北及四川等地饲养量较大，但均以零星分散、自发引进饲养的为多。

二、存在的问题

在 20 世纪 50 年代、60 年代和 80 年代，曾先后出现过饲养"獭兔热"，终因认识不足、技术不高、体制不顺等多种原因停留在供种、倒种的"种兔效益"上，尚未形成真正的商品生产。在獭兔生产中存在的另一个问题是"重引种、轻培育，重数量、轻质量，重兔种、轻饲养管理"。从 20 世纪 50 年代以来，我国引进不少獭兔，花了大量外汇，但引种之后未能很好培育，致使品种性能退化，兔皮品质下降。据有关部门测定 5 000 张獭兔皮的结果看，达到质量标准的仅 857 张，合格率仅 17% 左右。最明显的退化现象是毛色混杂、体型小、生产性能低下。不少兔场的有色种兔毛色不纯正，黑色獭兔混有白色毛；有的成年兔体重仅为 2.5～3 千克；有的种兔繁殖率、成活率低，母兔年均产仔仅 2～3 胎。年均育成幼兔仅 10 只左右。原因是饲养条件简陋，饲料单一，不按科学管理，不搞种兔选育，严重影响了獭兔的商品开发和产业化经营。饲养零星分散，不能形成优势是獭兔生产中的又一突出问题，商品兔出栏少、质量差，又不能进行兔肉、兔皮的加工和销售。不能形成原料优势、产品优势、质量优势和商品优势，严重影响着獭兔生产的发展。

三、獭兔生产特点

1. 繁殖力高，适于规模饲养　獭兔属于多胎、高产动物，具有性成熟早、妊娠期短、胎产仔数多、哺乳期短、四季可繁殖等高繁殖力特点。在良好的饲养管理条件下，一般年产 5～6 胎（最多可达 10～11 胎），每胎产仔 6～8 只（最多可达 14 只），每只母兔年可提供断奶仔兔 40～50 只。商品兔生长发育快，一般在 5 月龄体重达 2.5 千克左右即可宰杀剥皮，故生产周期较短。实践证明，獭兔既可小群饲养，也可进行规模饲养。从其繁殖力高和生产周期短的特点来看，獭兔是最适合发展规模养殖的畜种之一。

2. 食草节粮，缓冲人畜争粮 獭兔是食草畜种，其全价日粮中饲草可占到 40%～50%，每只成年兔全天耗料量仅为 150 克左右。同时，獭兔所需的青粗饲料来源广泛，如农区或丘陵山区的零星草地、干草或作物秸秆、蔬菜等均可用作獭兔饲料。因此，对于粮食紧缺而饲料粮不足的发展中国家，饲养獭兔是缓冲人畜争粮矛盾、发展节粮型畜牧业的最佳选择。

3. 皮肉兼用市场前景广阔 獭兔为皮兔品种，贵在其毛皮，亦可兼用其肉，有双重直接效益。以兔皮而言，因其被毛短、密、平、牢，毛皮轻柔美观，符合当今人们衣着崇尚天然、讲求色型与轻薄的趋势，故制裘价值高，市场前景好。据多方估测，目前世界獭兔皮市场年需要原皮达 300 万～1 000 万张，缺口相当大，并且原皮经鞣制增值效益高。例如，我国出口的合格獭兔皮为每张 3～5 美元，而国外鞣制后价格为每张 10～20 美元。以兔肉而言，獭兔肉与肉兔肉没有明显差别，同样是营养丰富、鲜嫩多汁、容易消化吸收的保健食品。

四、发展趋势

獭兔贵在毛皮，兼用其肉，有双项直接效益和多项深加工效益，有着十分广阔的发展前景。目前，一些省、市已把发展獭兔生产列入国家"星火计划"，积极开拓獭兔养殖业。獭兔产品已开始进入国内和国际市场；部分城市资本开始投入该养殖业，投资者中有工商业者、热心开发的民营企业家、下岗工人等，出现国营、集体、民营、个体等多种经济成分共同开发的局面。在獭兔生产中，通过生产实践，已探索出一套集产、供、销、贸、工、农于一体的开发模式。一改过去要皮不要肉，要肉不要皮，皮肉分开经营的旧套路，为獭兔开发的产业化经营提供了有益经验。事实证明，獭兔生产是一项正在兴起的特种养殖业，是适合广大农村发展的、很有前途的养殖业。

獭兔皮具有绒毛细密平整、色型多、光泽好、皮板轻柔、保暖性好等特点。通过鞣制加工的獭兔裘皮，可制作成各式长短翻毛大衣、披肩、围巾、帽子、手套、挎包及室内挂毯等。特别是近年来国际裘皮市场剪绒印花裘皮盛行，由于野生毛皮资源减少，而獭兔皮品质优良，不用染色即可形成几十种自然颜色，制成各种仿珍贵兽皮服装，正适合当今国际裘皮市场崇尚天然、讲究色彩的趋势，备受人们的青睐。其中做工精湛、款式新颖的獭兔皮服装更为人们喜爱，在国际裘皮市场上有一定的竞争力。随着獭兔生产的发展，人们消费水平的提高，国内市场也将逐步开拓。

獭兔肉营养丰富，鲜嫩可口，是非常珍贵的健美食品之一。獭兔肉含有丰富的蛋白质，而且含有人体容易缺乏的赖氨酸和色氨酸，还有丰富的 B 族维生素、钙、磷、钾、钠等常量元素和钴、锌、铜、铁等微量元素。经研究表明，兔肉因具有高蛋白、高赖氨酸、高消化率等特点，其营养价值位于家畜肉类之首。还因其脂肪含量低、胆固醇低、含热量低和尿酸少而具有特殊的保健作用。是老、少、病、弱、孕者理想的营养肉食品，在国外兔肉被誉为"美容肉"，美国营养研究专家把兔肉列为"益智食品"的榜首。

獭兔属高效草食动物，具有繁殖力强、饲养周期短、生产潜力大的特点。实践证明，只要精心饲养，一只母兔每年可繁殖4～5胎，可得育成兔25～30只，适龄取皮，每只商品兔的皮、肉合计40～50元。如果养得好、种质优，在发展阶段有一部分兔子还可作种兔出售，平均每只兔可增值20～30元。农家养兔，笼舍可因地制宜，就地取材，花费不多，肥料可抵青饲料，只需扣除种兔与饲料成本。因此，饲养獭兔在我国农村是一项勤劳致富的短、平、快项目，适应面广，值得推广。

第四节　獭兔商品开发与对策

实践证明，发展獭兔生产效益显著，潜力巨大，适合于农家养殖，是一项很有发展前途的致富项目。但是，在开发过程中必须严格遵守经济和生产规律。

一、实行规模饲养

开发獭兔生产，一家一户难以形成群体优势。最好能在饲草、饲料资源比较丰富的地区选好地点，以公司为龙头，种兔场为基地，专业饲养户为骨干，组织就近供种、就近发展，使产、供、加、销各个环节有机结合，这样才能形成规模，发挥优势，增加效益。

"公司＋农户"是目前发展獭兔生产的较好模式。一个地区，在当地有关部门的组织和协调下，由龙头企业牵头，实行相关行业间的横向联合，优势互补，利益共享。共同发展，通过扶持农民养殖，即解决种源、技术、饲料、药物、防疫及产品销售等方面的困难，又保证有关企业的货源供应，这是一种值得推广的生产模式。

二、注重品质

獭兔商品开发能否成功，发展獭兔生产有无前途，关键在于种兔质量。前一时期，各地饲养獭兔多属自发性质，社会上各种现象时有发生，种兔体型小（一般仅 2.5～3 千克）、价格高、毛皮质量差，严重影响獭兔生产的经济效益和社会效益。獭兔以取皮为主，皮张面积与体重呈正相关，所以应将体重及早期生长速度作为一项重要的选择指标。另外，应注意种兔的血液更新，最好从无血缘关系的种兔场选择优秀公兔，进行品质改良。

三、适时适龄取皮

按计划适时适龄取皮，是提高獭兔皮质量的关键。根据獭兔生长规律，一般 5 月龄时体重可达 2.75 千克左右，此时屠宰肉质鲜嫩，毛皮品质优良，可保证少出或不出次兔皮。取皮季节对兔皮品质也有一定影响，根据獭兔换毛规律，獭兔的换毛时间一般在每年的 3～4 月份和 9～11 月份，为确保兔皮质量，应尽量设法安排在深冬至初春期间宰杀取皮。夏季取皮因被毛稀疏，势必影响兔皮品质，适时适龄取皮，以适龄更为重要。一般于 5 月龄、第二次年龄性换毛前取皮最为适宜。

獭兔的最终价值应立足于商品生产，即向社会提供皮、肉等紧俏商品。因此，对于绝大多数养兔者而言，不可奢望卖种兔发财。种兔供应紧张只是暂时现象，而发展商品生产才是长久之计。

四、普及养兔技术

自 20 世纪 70 年代以来，国内外养兔科学技术发展很快，特别是在营养需要、日粮配合、选种选配、兔病防治等方面，结合养兔生产实践，开展了一系列研究工作，取得了一大批成果。由于獭兔品种极易退化，如果不靠科技先行，只是以草养兔、频密繁殖、扩大生产、形成商品，要想占据市场是难以成功的。当前，迫切需要解决的技术问题是獭兔的营养需要与日粮配合，绒毛的退换规律与最佳取皮季节，毛皮品质及物理性能测定，皮肉兼用兔的培育方法及途径探索等。有条件的地区或兔场，要结合实际开展科研活动，以不断普及养兔技术、提高科学养兔水平。

有些人对獭兔以草为主的理解有些偏颇，饲料营养水平低，特别是蛋白质水平偏低，不补加维生素和其他添加剂，影响獭兔的早期生长和被毛品质。獭兔的营养需要应比其他家兔稍高些，最好饲喂全价颗粒饲料。

五、严格依法养兔

獭兔高效益饲养、产业化经营是一项复杂的系统工程，必须严格按照《种畜禽管理条例》，逐步建立良种繁育体系，做到依法管理，按标准定位、定价、完善并统一兔质量标准和兔皮收购、定级标准，使定价有据，并实行行业性监督。近年来，由于商品兔皮紧俏，养殖獭兔效益较高，有人乘机掀起了一股倒种热潮，使原本 30～40 元的商品兔，一跃成为 120～150 元的种兔。使良种推广陷入了一收一炒的恶性循环，导致獭兔种质量退化。对这种倒种现象，有关部门应严格制止。

第二章

獭兔的生物学特征

第一节　獭兔品系特征

獭兔源于法国，由于不同的国家培育方法、方向和条件的差异，使獭兔在保持被毛基本特征的前提下，发生了一定的变化，培育成很多各具特色的品群。习惯上，我们将从不同国家引进的獭兔称为不同的品系，如从美国引进的称为美系。下面将目前我国饲养的几个品系介绍如下。

一、美系獭兔

我国多次从美国引进獭兔，目前国内所饲养的獭兔绝大多数属于美系。但是，由于引进的年代和地区不同，特别是国内不同兔场饲养管理和选育手段的不同。美系獭兔的个体差异较大。其基本特征为：头小嘴尖，眼大而圆，耳长中等、直立，转动灵活；颈部稍长，肉髯明显；胸部较窄，腹腔发达，背腰略呈弓形，臀部发达，肌肉丰满；毛色类型较多，美国国家承认 14 种，我国引进的以白色为主。

美系獭兔的被毛品质好，粗毛率低，被毛密度较大。据测定，5 月龄商品兔，每平方厘米被毛密度在 13 000 根左右（背中部），最高可达到 18 000 根。与其他品系比较，美系獭兔的适应性好，抗病力强，繁殖力高，容易饲养。其缺点是群体参差不齐，平均体重较小，一些地方的美系獭兔退化较严重，应引起足够的重视。

二、德系獭兔

由于该兔的引入时间较短,适应性不如美系獭兔,繁殖率较低。但以其父本与美系獭兔杂交,后代表现很好。因此,很多地方均采取这种方式生产商品獭兔,效益可观。

三、法系獭兔

獭兔原产于法国。但是,今天的法系獭兔与原始培育出来的獭兔已不可同日而语。经过几十年的选育,今天的法系獭兔取得了较大的遗传进展。

体型外貌:体型较大,体尺较长,胸宽深,背宽平,四肢粗壮;头圆颈粗,嘴巴平齐,无明显肉髯;耳朵短,耳壳厚,呈 V 形上举;眉须弯曲,被毛浓密平齐,分布均匀,粗毛比例小,毛纤维长度 1.6~1.8 厘米。

生长发育:生长发育快,饲料报酬高。

繁殖性能:初配时间 25~26 周(公兔),23~24 周(母);分娩率 80%;胎产活仔数 8.5 只;每胎断奶仔兔数 7.8 只,断奶成活率 91.76%;断奶至 3 月龄死亡率 5%;胎均出栏数 7.3 只;母兔每年出栏商品兔数 42 只;仔兔 21 天兔窝重 2 850 克;35 日龄断奶个体重 800 克。母兔的母性良好,护仔能力强,泌乳量大。

商品质量:商品獭兔出栏月龄 5~5.5 月龄,出栏体重 3.8~4.2 千克,皮张面积 0.4 米^2 以上,被毛质量好,95% 以上达到一级皮标准。

该品系引种之后,于全封闭兔舍饲养,自动饮水,颗粒饲料,全价营养,程序化管理。从以上数据可以看出,该品系具有较好的生产性能和较大的生产潜力。但其在农户较粗放的条件下表现如何,有待进一步观察。

四、国内培育品系

（一）四川白獭兔

四川白獭兔是四川省草原研究所以白色美系獭兔和德系獭兔杂交，采用群体继代选育法，应用现代遗传育种理论和技术，经过连续 5 个世代的选育，培育出体型外貌一致、繁殖性能强、毛皮品质好、早期生长快、遗传性能稳定的白色獭兔新品系。

外貌特征：全身被毛白色，丰厚，色泽光亮，无旋毛，不倒向。眼睛呈粉红色。体格匀称、结实，肌肉丰满，臀部发达。头型中等，公兔头型较母兔大。双耳直立。腹毛与被毛结合部较一致，脚掌毛厚。成年体重 3.5～4.5 千克，体长和胸围分别为 44.5 厘米和 30 厘米左右。被毛密度每平方厘米 23 000 根，细度 16.8 微米，毛丛长度为 16～18 毫米。属中型兔。

生长发育：8 周龄体重（1 268.92±98.09）克，13 周龄体重（2 016.92±224.18）克，22 周龄体重（3 040.44±263.34）克，体长（43.39±2.24）厘米，胸围（26.57±1.29）厘米，6～8 周龄日增重（29.85±3.61）克，8～13 周龄日增重（24.71±1.10）克，13～22 周龄日增重（16.10±1.19）克，22～26 周龄日增重（9.57±1.45）克。

繁殖性能：4～5 月龄性成熟，6～7 月龄体成熟，初配月龄母兔 6 月龄，公兔 7 月龄，种兔利用年限 2.5～3 年。受孕率（81.8±5.84）％，窝产仔数（7.29±0.89）只，产活仔数（7.10±0.85）只，初生窝重（385.98±41.74）克，3 周龄窝重（2 061.40±210.82）克，6 周龄活仔数（6.61±0.54）只，6 周龄窝重（4 493.48±520.70）克，断奶成活率 94.03％±0.10％。

毛皮性能：22 周龄，生皮面积每平方厘米 1 132.3±89.45，密度每平方厘米（22 935±2 737）根，细度（16.78±0.94）微米，毛长（17.46±1.09）毫米，皮肤厚度（1.69±0.27）毫米，抗拉强度每平方毫米（13.74±4.13）牛，撕裂强度每平方毫米（33±6.75）牛，延伸率（34±3.52)％，收缩温度（87.3±2.67)℃。

产肉性能：22 周龄，半净膛屠宰率（58.86±4.07）％，全净膛屠宰率（56.39±4.07）％，净肉率（76.24±5.21）％。

生产效果：四川白獭兔在农村饲养条件下，平均胎产仔兔7.3 只，仔兔断奶成活率 89.3％，13 周龄体重 1 786 克，毛皮合格率 84.6％，具有较好的适应性和良好的生产性能。利用该品系公兔改良本地獭兔，仔兔断奶成活率提高 3.6％，成年体重增加 14％，毛皮合格率提高 18 个百分点，改良效果显著。适应广大农村养殖，具有广阔的应用前景。

（二）VC-Ⅱ系獭兔

该獭兔是原中国人民解放军军需大学等于 1990 年开始利用日本大耳白母兔与加利福尼亚公獭兔进行杂交、回交、横交固定等育种措施，经过 10 余年系统选育而成。

繁殖性能：窝产仔兔（6.95±1.86）只，初生窝重（368.12±70.21）克，断奶个体重（849.41±81.04）克，断奶成活率 95.13％。

体尺体重：5 月龄体重 3 087.59 克，平均日增重 20.24 克，体长（50.41±1.98）厘米，胸围（27.47±1.39）厘米。

该品系的选育丰富了獭兔的遗传结构，但目前该品系未大面积普及推广。

第二节 獭兔的品种特征

獭兔与其他家兔相比，既有相同的生物学特性，又有其独特的品种特征。了解并熟悉这些特征与特性，对饲养好獭兔是大有益处的。

獭兔是典型的皮用兔种，其毛皮特点、外形结构、生产性能等有其独特之处，现分述如下。

一、毛皮特征

獭兔毛皮与其他家兔相比，有着许多的优点，可用几个字概括，即"短、细、密、平、美、牢"。制成裘皮服装后轻柔、美观，深受广大消费者的青睐。

短：是指其毛纤维极短，普通家兔毛纤维长 2.5~3.0 厘米，而獭兔毛纤维长度仅 1.3~2.2 厘米，最理想的毛长为 1.6 厘米。

细：是指毛纤维横断面直径小，戗毛含量少，为 4%~7%，甚至没有；绒毛含量多，为 93%~96%。绒毛的细度平均为 16~19 微米。实践证明，毛皮中戗毛含量除受遗传因素影响外，主要是受外界环境和饲养管理条件的影响，如果忽视选育和饲养管理条件不良，均会引起品种退化，戗毛含量增加。

密：是指皮肤单位面积内生的毛纤维根数多，手感被毛丰满柔软。据测定，普通家兔每平方厘米皮肤面积内着生的毛纤维根数为 11 000~15 000 根，长毛兔为 12 000~13 000 根，而獭兔为 16 000~38 000 根。

平：是指毛纤维长短一致，整齐均匀，表面看十分平整。如果戗毛含量多而突出于绒毛表面，则失去了獭兔毛皮的特色。

美：是指獭兔被毛颜色很多，色调美观，而且毛色纯正，色泽光润，手感柔软而富有弹性，外观绚丽多彩。

牢：是指毛纤维着生在皮板上非常牢固，不易脱落，板质坚韧。

二、外形结构

獭兔的整个身体可分为头部、颈部、躯干、四肢（图1）。

1. 头部　獭兔的头型小而偏长，颜面部约占头长的 2/3。口大嘴尖，围以肌肉质的上、下唇。上唇中央有一纵裂，把上唇分为相等的左右两部分，门齿外露。口边长有较粗硬的触须。眼球大而呈圆形，位于头部的两侧。獭兔的眼球有各种颜色，是不同色型的重要特征之一。如黑色獭兔呈黑褐色，蓝色獭兔呈蓝色或蓝灰色，白色獭兔呈粉红色。耳长中等，能自由转动，可随时收集外界环境声音信息。

2. 颈部　獭兔的颈粗而短，轮廓明显。颈、喉交界处有明

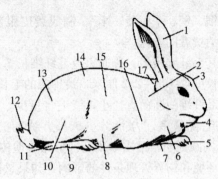

图 1 獭兔外观各部位名称

1. 耳 2. 颈 3. 头 4. 肉髯 5. 爪 6. 胸 7. 前脚 8. 腹 9. 后脚

10. 股 11. 飞节 12. 尾 13. 臀 14. 背 15. 体侧 16. 肩 17. 后颈

（引自张玉《獭兔养殖大全》）

显的皮肤隆起，形成大的皱褶，即肉髯。肉髯越大，则表现皮肤越松弛，其年龄也越大。

3. 躯干 可分为胸、腹、背三部分。胸腔较小，腹部较大，这与獭兔是草食动物、繁殖力强和活动少有关。选种时应注意挑选腹大、但不松弛而富有弹性的。背腰略呈弓形，臀部宽圆而发达，肌肉丰满。

4. 四肢 獭兔前肢短、后肢长，这与跳跃和卧伏的生活习性有关。前脚5指，后脚仅4趾（第1趾退化），指（趾）端有锐爪。爪有各种颜色，是区别獭兔不同品系的依据之一。如黑色獭兔爪为暗色，白色獭兔爪为白色或玉色。

三、生产性能

獭兔体型、体重中等大小，成年体重 3.5～4 千克，体长45～50 厘米，胸围 33～35 厘米。繁殖力较强，每年可繁殖 4～5胎，每胎产仔 6～8 只。商品獭兔在 5 月龄时，体重 2.50～3.0千克时宰杀剥皮，毛皮品质最好，产肉也多。

近年来，国外獭兔的选种方向由皮用逐渐向皮肉兼用为主的方向发展。因此，现在留种标准是：公、母体重多为 4.0～4.5

千克。

獭兔对饲养管理条件要求较高，不适宜粗的饲养管理。对疾病的抵抗力较弱，特别是易患巴氏杆菌病、疥癣病和球虫病，也易患脚皮炎。

第三节　獭兔的色型标准

獭兔的色型是区别不同品系的重要标志。獭兔的色型很多，据报道，已达 20 余种。以下介绍的是已被公认的 14 种色型，已引进我国，并在各地饲养。

一、白色獭兔

全身被毛洁白，没有任何污点或杂色毛，是毛皮工业中最受欢迎、最有价值的毛色之一。眼睛为粉红色，爪为白色或玉色。

被毛带污色、锈色或黄色，或混有其他杂毛者，均属于缺陷。

二、红色獭兔

全身被毛为深红色，背部颜色略深于体侧部，腹部毛色较浅。最为理想的被毛颜色为暗红色，是毛皮工业中较受欢迎的毛色之一。眼睛呈褐色或榛子色，爪为暗。腹部毛色过浅或有锈色、杂色与带白斑者，均属缺陷。

三、黑色獭兔

浓密黑亮的被毛布满全身，每根毛纤维自基部至毛尖均呈炭黑色，并富有光泽，既不是褐色，也不是锈色，同时又不表现有褪色的感觉，是毛皮工业中较受欢迎的毛色之一。眼睛呈黑褐色，爪为暗色。

被毛表现褐色、锈色、棕色、白色斑点或杂毛者，均属缺陷。

四、蓝色獭兔

全身被毛为纯蓝色，每根毛纤维从基部至毛尖都是蓝色，不出现白毛尖，不褪色，没有铁锈色，为最早育苗成的獭兔色型之一。是獭兔中毛绒最柔软的一种，属毛皮工业中较受欢迎的毛色之一。眼睛呈蓝色，爪为暗色。

被毛带霜色、锈色、白色、杂色，均属缺陷。

五、青紫蓝色獭兔

全身被毛基部为瓦蓝色，中段为珍珠灰色，毛尖部为黑色。颈部毛色略浅于体侧部，背部毛色较深，腹部毛色呈浅蓝或白色。被毛有丝光。眼睛呈棕色、蓝色或灰色。眼圈毛色为浅珍珠灰色，爪为暗色。

被毛带锈色或淡黄色、白色或胡椒色，毛尖部毛色过深或四肢带斑纹者，均属缺陷。

六、加利福尼亚獭兔

全身被毛除鼻端、两耳、四肢下部及尾部为黑色外，其余部位均为纯白色，即一般所称的"八点黑"。黑白界限明显，色泽协调，布局匀称，毛绒厚密而柔软。眼睛呈粉红色，爪为暗色。鼻端、两耳、四肢及尾部无典型黑色毛或黑毛中掺有白色斑点或杂色者，均属缺陷。

七、巧克力色獭兔

全身被毛呈棕褐色，毛纤维基部多为珍珠灰色，皮肤也是同色，毛尖部呈黑褐色，不出现褪色或变黑现象。是毛皮工业中较受欢迎的毛色之一。眼睛为棕褐色或肝褐色，爪为暗色。

被毛带锈色、白色或出现褪色，被毛带有白斑，戗毛为白色者，均属缺陷。

八、海狸色獭兔

全身被毛呈红棕色,背部毛色较深,体侧部颜色较浅,腹部为淡黄色或白色。毛纤维的基部为瓦蓝色,中段呈深橙色或黑褐色,毛尖部略带黑色。这是最早育成的獭兔色型之一,被毛绒密柔软,深受消费者欢迎。眼睛呈棕色,爪为暗色。

被毛呈灰色,毛尖过黑或带白色、胡椒色,前肢有杂色斑纹者,均属缺陷。

九、海豹色獭兔

海豹色獭兔被毛与海豹相似,全身被毛呈黑色或深褐色。体侧、胸腹部毛色较浅,毛尖部略呈灰白色,体躯主要部位毛纤维色泽一致,从基部至毛尖均为墨黑色,从颈部到尾部均为暗黑色。眼睛为黯黑色或棕黑色,爪为暗色。

被毛呈锈色或褐色,毛纤维自基部至毛尖部颜色深浅不一或带杂色者,均属缺陷。

十、紫貂色獭兔

背部被毛黑褐色,腹部、四肢呈栗褐色,颈、耳、足等部位为深褐色或黑褐色,胸部与两侧毛色相似,多呈紫褐色。眼睛为深褐色,在暗处可见红宝石色的闪光,爪为暗色,是目前毛皮工业较受欢迎的毛色之一。

被毛呈锈色或带有污点、白斑及其他杂色毛或带色条者均属缺陷。

十一、花色獭兔

这类獭兔的被毛色泽可分为两种情况:一种是全身被毛以白色为主,混有一种其他不同颜色的斑点,最典型的标志是背部有一条较宽的有色背线、有色嘴环、有色眼圈和体侧有对称斑点,颜色有黑色、蓝色、海狸色等。另一种是全身被毛以白色为主,同时杂有两种其他不同颜色的斑点，颜色有深黑色和橘黄色、蓝紫色和淡黄色、浅灰色和淡黄色等。花斑主要分布于背部、体侧和臀部，鼻端有蝴蝶状色斑。眼睛颜色与斑花色泽一致，爪为暗色。

花色獭兔又称花斑兔、碎花兔或宝石花兔。花斑表现有一定的规律，呈一定的典型图案。花斑面积一般占全身的10%～50%。花斑的要求：两耳毛色相同，鼻部有花斑，背部、体侧、臀部均带有花斑。花斑面积少于全身面积的10%或多于50%，或有色部位出现其他杂色斑点，两耳为白色或鼻端缺少花斑者，均属缺陷。

十二、蛋白石色獭兔

全身被毛呈蛋白石色，毛纤维的基部为深瓦蓝色，中段为金褐色，毛尖部呈紫蓝色。腹部毛色较浅，背部毛色较深，多呈棕色或白色，体侧部的毛色显示出美丽的金黄色或金褐色。眼睛为蓝色或砖灰色，爪为暗色。

被毛呈锈色或混有白色、杂色斑点，毛尖部或底毛颜色过浅者均属缺陷。

十三、山猫色獭兔

又称猞猁色獭兔。全身被毛色泽与山猫颜色相似，毛基部为白色，中段为金黄色，毛尖部略带淡紫色，是目前毛皮工业中最富吸引力的毛色之一。毛绒柔软，带有银灰色光泽，腹部毛色较浅或略呈白色。眼睛为淡褐色或棕灰色，爪为暗色。

毛根或毛尖部呈蓝色，或与白色、橙色混杂，或带斑纹者，均属缺陷。

十四、水獭色獭兔

这是新近育成、较受毛皮工业界欢迎的一种毛色。全身被毛呈深棕色，颈、胸部毛色较浅，略带深灰色，腹部毛色多呈浅棕色或略带乳黄色。被毛绒密，富有光泽。眼睛为深棕色，爪为暗色。

被毛呈锈色或暗褐色，体躯主要部位带白斑、污点或其他杂色者，均属缺陷。

其他颜色的獭兔还有米色、奶油色、橙色、银灰色、烟灰色和钢灰色等。

第四节　獭兔的生活习性

一、夜食性

獭兔是兔的变种，而獭兔又是野生穴兔经人工驯养而成獭兔，野生穴兔身体弱小，防御外来侵害的能力很差，白天经常躲起来，晚上出来活动觅食。经测定，獭兔夜间采食及饮水量占昼夜总量的 60% 左右，在饲养管理过程中必须考虑这一特性，合理安排饲养规程，夜间应添足草、料、水，尤其在炎热的夏季，更要加强夜饲。大型獭兔场最好实行夜间值班制，家庭小规模兔场，只要在夜间添加草、料、水即可。

二、嗜眠性

獭兔与其他家兔相比，在一定的条件下更容易进入困倦或睡眠状态，特别是日间表现非常安静，除少量的采食、饮水外，常呈静伏，这一习性称为嗜眠性，獭兔的听觉敏锐，任何一种杂音都能使其受惊吓，一听到声响，就会拼命乱跑乱撞，发生"惊群惊场"造成应激反应，容易使孕兔流产，正在分娩的母兔停止分娩，发生难产或咬死、吃掉仔兔现象，造成损失。所以在饲养管理过程中，动作要轻稳，尽量避免引起兔子惊恐的声响，陌生人以及犬、猫等动物进入兔舍，尽量保持安静的环境。

三、啃咬性

獭兔的门齿为"恒齿"，具有不断生长的特点，据测定，每月可生长 0.8～1.5 厘米，为保持上下门齿的吻合度，獭兔要依靠啃咬硬物的不断磨蚀来维持门齿的正常长度。在日常生产中发现，如饲料中的粗纤维不足或硬度不够，门牙得不到磨蚀，獭兔便寻笼门、踏板、产箱，甚至食盆来磨蚀门齿，使养兔设施受损，造成经济损失。为了防止獭兔乱啃乱咬，在建造兔笼和选择用具时，应注意其坚固性和耐用性，或者可以在兔笼内投放一些硬质的树枝和木棒，供其啃咬，既照顾了獭兔啃咬磨牙的习性又可减少对笼具的破坏。另外，根据獭兔的这一习性，最好将粉质混合饲料加工成硬质的颗粒饲料，以利獭兔门齿的磨蚀。

四、爱洁性

獭兔喜欢清洁干燥的生活环境，清洁干燥的生活环境能保证獭兔正常的生长发育和繁殖后代，而潮湿污浊的环境会招致传染病、寄生虫病和皮肤病的蔓延。獭兔的抗病能力较差，患病后很难治愈，往往会给饲养者造成很大的经济损失。所以，在选择兔场场址、建造兔舍时要考虑到高燥地形、防止潮湿等因素。在日常饲养管理中，应经常保持兔舍和运动场的干燥、清洁和卫生。

五、独居性

獭兔具有喜独居、合群性差的特点，在群养条件下，无论是公兔、母兔或中年兔、成年兔、相互殴斗、撕咬现象时有发生。特别以公兔为甚，新组群混养的殴斗、撕咬现象更为严重，所以有条件的情况下，尽量独笼单放。尤其是 3 月龄以上的公、母兔，应及时分笼饲养，一方面可防止殴斗撕咬，另一方面可防止早配和乱配。因为一旦咬伤皮肤，就会降低毛皮质量，危及皮张的利用价值和经济价值。

六、穴居性

獭兔至今还保留其祖先穴兔打洞穴居的习性，即使是长期笼养的兔，一旦接触到地面，就要掘土造洞以便隐藏自身并繁育后代。因此，在建筑兔舍和确定饲养方式时，应针对这一习性，采取相应措施，以免因选材不当或设计不合理，致使獭兔在舍内打洞造穴，给饲养管理带来困难和严重影响毛皮质量。

第五节　獭兔的消化特点

獭兔属草食动物，体内营养物质的主要来源是植物性饲料。为了适应其食草性特点，獭兔与其他家畜相比，具有独特的消化系统和生理机能。

一、獭兔的消化系统

獭兔的消化系统包括消化器官和消化腺两大部分。消化器官包括口、咽、食道、胃、小肠（十二指肠、空肠、回肠）、大肠（盲肠、结肠、直肠）、肛门；消化腺包括唾液腺、肝、胰腺、胃腺和肠腺。消化腺的消化原理是消化腺分别由导管把腺体分泌的消化液输送到消化道的相应部位。

（一）口腔构造

成年兔有牙齿 28 枚，其中门齿 3 对，前臼齿 5 对，后臼齿 6 对；幼兔有乳齿 16 枚，其中门牙 3 对，前臼齿 5 对，其齿式为：

$$成年兔：\quad 2\times\left(\frac{2\quad 0\quad 3\quad 3}{1\quad 0\quad 2\quad 3}\right)=28$$

$$\begin{array}{cccc}门&犬&前&后\\齿&齿&臼&臼\\&&齿&齿\end{array}$$

$$幼兔：\quad 2\times\left(\frac{2\quad 0\quad 3}{1\quad 0\quad 2}\right)=16$$

$$\begin{array}{ccc}门&犬&前\\齿&齿&臼\\&&齿\end{array}$$

獭兔的口腔容积很小，主要由唇（上、下）、颊、腭、舌、齿和唾液腺组成。口腔内有 4 对唾液腺，分别为耳下腺、颌下腺、舌下腺和眼下腺。在上唇正中有一纵裂，形成豁唇，使门齿外露，口腔的两侧壁为颊。口腔的顶部为腭，前方为硬腭、后方为软腭。獭兔的舌短而厚，分为舌尖、舌体、舌根三部分，舌上分布味觉感受器。兔的门牙发达、无犬齿，臼齿的咀嚼面宽，宜于研磨草料。

（二）胃肠的构造

獭兔的胃为单室胃，呈椭圆囊状，前端贲门与食道相连，后端幽门与十二指肠相接；横于腹腔前部，胃的容积很大，约占消化道总容积的 36%，胃黏膜分泌胃液，獭兔的胃液酸度较高，主要成分为盐酸和胃蛋白酶原，分解蛋白质和少量脂肪；小肠和大肠的总长度为体长的 10 倍左右，盲肠极为发达，容积约占消化道总容积的 42%，其长度与体长相当，其中繁殖着大量的微生物和原虫，起着反刍动物第一胃的作用，对利用饲料粗纤维是一个有利条件。

生产实践证明，3 月龄以内的幼兔消化道在发生炎症的情况下，容易吸收消化道内的有害物质而引起幼兔肠炎，发病比成年兔严重，死亡率较高。因此，在饲养管理中，要特别注意肠炎和腹泻的发生。

（三）球囊组织

在回肠与盲肠的连接处有一个长径为 3 厘米、短径为 2 厘米左右，膨大、壁厚中空的圆形球囊，具有发达的肌肉组织，与盲肠相通，这就是獭兔特有的"圆小囊"，其主要功能是机械压榨食物、消化吸收、分泌碱性溶液中和微生物产生的有机酸等。

二、獭兔的采食特点

獭兔系单胃的草食性动物，能有效地利用低质高纤维饲料和粗饲料中的蛋白质，还具有耐高钙日粮等特点，喜食植物性饲料，如植物的叶、茎、块根和种子等。不太喜食动物性饲料，如饲料中添加动物蛋白饲料（如鱼粉、血粉、骨粉），往往会遭到獭兔的拒食。

（一）挑食和扒食

由于兔是在野生环境中生存下来，凭借自己发达的嗅觉和味觉，在许多的食物中寻觅自己喜欢的食物。但在家养的条件下，一切饲料靠人工配制，使兔失去了选择饲料的权力，如果混合饲料搅拌不匀或粉碎的颗粒大小不均，也能造成兔子的扒食和挑食，要想防止獭兔的扒食和挑食，第一，不要饲喂发霉变质饲料；第二，最好饲喂全价颗粒饲料；第三，多汁青饲料不宜与粉料拌在一起饲喂。

（二）食粪性

獭兔与其他家兔一样，一般排出两种粪便即硬粪和软粪，硬粪是在白天排出，呈大颗粒状，质地较硬，软粪是在夜间排出（主要是在凌晨）呈小颗粒状，质地较软，暗色，串状并带有包膜，獭兔排出软粪量占全天总排粪量的45%～60%，软粪中所含的粗蛋白质和水溶性维生素高于硬粪。一经排出，獭兔直接从肛门处吞食，不易被人察觉。獭兔有采食行为就有食粪行为，食粪姿势多呈坐立式，两前肢离地翘起，两后肢呈八字状，口对准肛门边排边食，并有咀嚼动作。有些獭兔不仅吃软粪，还吃硬粪；不仅夜间食粪，白天有时也食粪。一般每昼夜食粪2～3次，每次持续时间为2～3分钟，从表1中可见，獭兔食粪的重要意义是由于营养成分多次通过消化道，可使饲料中的营养成分得到进一步的消化与吸收，能有效提高饲料的利用率，如果食粪行为突然停止，应视为患病前兆。

表 1　粪便的营养成分

成分	软粪	硬粪
干物质（%）	31（25～49）	53（27～63）
粗蛋白质（%）	36.5（19～39）	18.4（8～25）
脂肪（%）	3.2（0.8～5.6）	4.0（0.6～5.8）

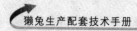

（续）

成分	软粪	硬粪
矿物质（％）	14.1（8～18）	14.3（6～19）
粗纤维（％）	27.6（12～36）	47.2（16～60）
无氮浸出物（％）	18.3（10～29）	16.8（8～35）
烟酸（微克/克）	136.8（110～157）	38.4（21～45）
核黄素（微克/克）	32.1（19～50）	9.2（3～12）
泛酸（微克/克）	54.3（28～72）	8.3（2～16）
维生素 B_{12}（微克/克）	2.8（0.9～4.3）	0.9（0.2～1.3）

第六节　獭兔的其他特性

一、体温调节特性

獭兔是恒温动物，正常体温 38.5～39.5℃。獭兔由于缺乏汗腺，被毛又浓密，所以通过皮肤和出汗散热能力不强，主要通过呼吸和排泄散热。当环境温度升高时，如环境温度超过 32℃，食欲下降，消化不良，繁殖力下降。仔兔出生后 10 日龄才初步具有体温调节能力，到 30 日龄被毛形成，热调节机能才进一步加强。因此，幼兔需要较高的环境温度，以维持体温。而成年兔则相反，有较强的耐寒力而不耐热。

二、生长发育特性

獭兔的生长发育过程可分为三个阶段：胎儿期、哺乳期和断奶后期。

胎儿期是指母兔妊娠到仔兔出生这一时期，此期仔兔在妊娠后期生长发育最快，胎儿的生长速度不受性别的影响，但母兔的营养水平、仔兔数及其在子宫内的排列位置对其生长发育影响较大。母兔的营养水平高，则仔兔发育快；仔兔数量多，则发育慢；位于卵巢附近的仔兔发育快于远离卵巢的仔兔。

哺乳期是指仔兔出生到断奶这一时期。仔兔在哺乳期生长发育相当快，其生长速度主要受母乳的影响，在1月龄时增重达到最大值。

断奶后期是指断奶以后的时期，此期的生长发育主要受品种、饲料、管理及环境条件的影响，前期生长快，后期生长慢。在前8周性别影响不明显，以后性别的影响逐渐地显现出来，母兔生长速度大于公兔。

三、利用粗纤维的特性

獭兔依靠盲肠中的微生物和球囊组织的协同下，能有效利用低质高纤维饲料，在獭兔的日粮中供给适量的粗纤维饲料，对獭兔的健康是有益无害的。如果饲料中粗纤维含量过低或极易消化的食物向盲肠输送物增多，因为盲肠内容物缺少供给盲肠微生物所需要的养料，这样就使一部分有害细菌大量增殖引起肠炎、腹泻，甚至死亡。所以，在日粮食中应提供足够量的粗纤维成分，以保证消化道的正常输送和消化吸收。

四、能耐受日粮中的高钙比例

獭兔对日粮中的钙、磷比例要求不同于其他家畜那么严格（2∶1），即使钙磷比例高达12∶1，也不会影响其生长发育，而且还能保持骨骼的灰分正常，当日粮的含钙量增高时，血钙含量随之增高，而且能随尿排出过量的钙。但獭兔的日粮中磷含量不宜过高，日粮中维生素 D_3 的含量不宜超过 1 250～3 250 国际单位，否则会引起肾、心、血管、胃壁的钙化，影响其生长和发育。

五、耐寒怕热的特性

兔子被毛浓密，汗腺不发达，仅在很小的鼻镜和鼠蹊部有少许汗腺，散发的热量是有限的，所以兔子的抗寒能力较强，而耐热能力很差。最适宜的温度范围是 15～25℃。如果高于 25℃，兔子则会心跳过快，呼吸频率增加，食欲减退，繁殖能力降低。在长期高温的情况下，不仅兔子的生长、发育和繁殖能力下降，并且常常发生中暑，甚至死亡。相反，当外界温度降低时，獭兔减少散热或增加产热，以调节和维持正常体温。兔子被毛密，抗寒能力比较强，但低温对兔也有不良影响。特别是仔兔和幼兔体温调节能力差，既怕热又怕冷，冬季如保温不好，常常造成仔兔死亡。所以在管理上，一定要做好夏季防暑、冬季保温工作。

第三章

獭兔的遗传育种

我国饲养的獭兔大部分是从国外引进，这就使得獭兔育种工作尤为重要，大力培育和推广优良品种是发展獭兔生产和争取更高效益的重要途径。獭兔的育种是根据其遗传规律，通过系统的选种选配，巩固优良性状，排除不良性状，不断选育出品质更高、毛色更美、繁殖力更高、适应性更强、遗传性能稳定的新品种或品系。

第一节　獭兔的遗传

一、獭兔的毛色遗传

獭兔有独特的毛型和色型的遗传规律，了解掌握这些遗传规律，对养好獭兔，防止性能退化，提高毛皮质量有着极其重要的意义。

（一）色素形成

由于不同色素的存在，獭兔的毛纤维表现出不同的颜色，这种色素统称为黑色素，黑色素可分为褐黑色素和常黑色素两种。褐黑色素易溶于碱的圆形红色颗粒，常黑色素又可分为黑色和棕色两种色素类型，二者的可溶性均小于褐黑色素。体内的黑色素都是在不同氧化酶的作用下形成的，而这种酶的氧化过程对温度特别敏感，有的酶在低温下才有活性，例如加利福尼亚獭兔全身被毛为纯白色，但鼻端、两耳、四肢下部及尾部等部位因温度低于其他部位而呈现黑色，而这些部位的毛色深浅也因气候变化和季节的不同而发生变化。冬季气候寒冷，色泽变深，夏季气温较高，氧化酶的活性下降，所以色泽变淡。

獭兔被毛的黑色素细胞主要分布于毛纤维的皮质层中。獭兔之所以有不同颜色的毛色类型，是由于色素的性质、数量、颗粒形状、分布方式及酶的作用等因素互不相同，而这些因素大多由基因控制。

（二）色型的遗传

经过大量的杂交试验和基因分析证实，獭兔的短毛型主要受三对隐性基因控制，即 r1r1、r2r2、r3r3，这三对基因并不在同一个位点上。现已查明，r1 和 r2 连锁在第Ⅲ染色体的两个不同位点上，而 r3 则在另一条染色体上，据试验证明，当不同色型的獭兔进行杂交时，r 基因与各种毛色基因结合，形成各种不同色泽类型。

表 2　獭兔的色型与基因符号

品系名称	基因符合	色型特征
白色獭兔	ccrr	被毛洁白，富有光泽
黑色獭兔	aarr	被毛纯黑，柔软绒密
红色獭兔	eerr	被毛呈深红色
蓝色獭兔	aaddrr	被毛纯蓝，柔软似绒
青蓝紫獭兔	cchcchrr	被毛基部瓦蓝，中段珍珠灰色，毛尖黑色
加利福尼亚獭兔	rr	鼻端、两耳、四肢下部及尾部为黑色，其余部位为纯白色
海狸色獭兔	aabbrr	被毛呈红棕色，毛纤维基部为瓦蓝色，中段呈深橙或黑褐色，毛尖带黑色
巧克力獭兔	aabbddrr	被毛棕褐色，毛纤维基部珍珠灰色，毛尖深褐色
蛋白石獭兔	bbddrr	被毛呈蛋白石色，毛纤维基部为深瓦蓝色，中段金褐色，毛尖部呈紫蓝色
猞猁色獭兔	aacchcchrr	被毛基部白色，中段金黄色，毛尖带淡紫色
紫貂色獭兔	aacchcchrr	背部呈黑褐色，腹部、四肢栗褐色，颈、耳、四肢深褐或黑褐色，体侧紫褐色

（续）

品系名称	基因符合	色型特征
海豹色獭兔	cchmcchmrr	被毛呈黑色或深褐色，类似海豹色，体侧、腹部毛色较浅
水獭色獭兔	bbrr	被毛呈深棕色，腹部呈浅棕或乳黄色，颈胸部呈深灰色
花色獭兔	EnEnrr	白色底杂有1～2种其他斑点

与獭兔的短毛型隐性基因 r1r1、r2r2、r3r3 相对应的有三对显性等位基因，即 R1R1、R2R2、R3R3，只要具有其中的一对隐性基因，就可产生具有短毛的獭兔毛型，最早育成的獭兔毛色呈红褐色，受 r 基因控制，所以当不同品系间的獭兔杂交时，r 基因与各种毛色基因结合时，就可形成颜色不同的獭兔色型（表2）。

（三）毛型遗传

毛型的结构有三种即普通獭兔毛纤维 2.5～3 厘米，獭兔即安格拉獭兔，毛纤维长 6～10 厘米，短毛兔即獭兔，毛纤维长 1.3～2.2 厘米。

獭兔对普通兔而言是隐性遗传的，獭兔与普通兔杂交时，子一代杂种（F1）全部出现普通兔毛型，而子一代公、母兔交配所产生的子二代杂种（F2）中，既有普通兔毛型，又有极短的獭兔毛型，其比例为 3:1（图2）。

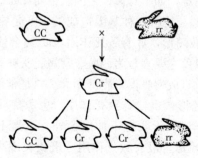

图 2 獭兔与普通兔杂交毛型遗传规律

二、遗传缺陷

在獭兔生产和品种选育过程中，要经常注意发现和及时淘汰导致产生各种遗传缺陷的有害基因，这些有害基因给獭兔生产造成很大的损失，经济利益会受到影响。

1. 侏儒 是一种发育畸形，一般认为是由 DW 显性纯合致死基因的作用出现的一种遗传缺陷。侏儒兔体格较小，只有同窝重的 1/3 大小，一般出生 48 小时内死亡，侏儒兔主要表现为中枢神经发育异常、前额突起、双眼突出，一般认为是原发性垂体机能紊乱所致。

2. 牛眼 是獭兔中可见到的一种眼睛像牛眼一样圆睁而突出的现象，俗称"牛眼"，这种病是由位于常染色体的隐性基因 bu 引起，患兔一般在 2～3 周龄后发病，眼球突然变大，出现青色的雾状，导致视力下降。患有此病的公兔精液品质下降，甚至只有精液而没有精子，性欲减退，生殖能力下降或者无生殖能力。

3. 颌突畸形 这种病是由染色体上隐性基因 mp 所致，mp 基因的作用使背脊骨和颅底骨特异生长，致使下颌向前移位，改变了常态下，下齿门齿对准一上门齿和第二上门齿的状态，由于上下门牙的分别生长而又因错位咬合不能发生摩擦，致第一门齿向口腔内卷曲生长，而下门齿伸出唇外，导致产生下颌颌突畸形，患兔进食困难，如不剪修，会因饥饿而死亡。

4. 短肢畸形 是由三种基因造成的，一是常染色体隐性基因 ac 造成的短肢畸形，伴有致死作用，ac 纯合体在胎儿期或出生不久死亡。患兔主要表现为四肢非常短、头略呈方形，舌头伸出嘴外，胸廓短且成喇叭形，腹部膨大。二是常染色体隐性基因 cd 造成的短肢畸形，也伴有致死作用，患兔症状与前者基本相似，只是肌肉丰满，舌头也不伸出嘴外。三是不完全显性基因 Da 造成的短肢畸形，没有致死作用，患兔表现为四肢变短，髋臼和股骨发生畸形，严重跛行。两耳向下和向外侧方向垂下。仔

兔出生 6 天左右，耳朵基部有一乳头状突起，可作为诊断此病的
显著标志。

5. 震颤病 是由常染色体上的隐性基因 tr 造成的，患兔在
出生后 10～14 日龄出现头部和身体连续颤抖，随后逐步加剧，
先是前肢瘫痪，后而扩展到后肢瘫痪，一般 3 月龄时完全瘫痪，
最终因虚弱以及感染褥疮而死亡。

6. 肾发育不全 是由常染色体隐性基因 na 造成的，na 基因
阻止一侧肾脏的发育，所以患兔只有一侧肾脏。这种兔生活力大
大下降。公兔在缺少肾脏的一侧没有睾丸，母兔在缺少肾脏的一
侧卵巢完整，但子宫角变短或消失。

第二节 獭兔的评定

选种就是选择优良的个体留作种用，淘汰不符合留种标准的
个体，从而提高后代的平均水平。鉴于目前我国獭兔数量性状遗
传参数的研究资料尚不全面和系统，生产中仍以表型选择为主要
手段，所以，首先要掌握对獭兔进行外形、生长发育、繁殖性
能、生产性能评定的内容与方法。

一、外形的评定

獭兔的外形是个体生长发育的表现，而且具有品种或品系的
特征。进行外形评定，可以判断该个体生长发育的状况和推测生
产性能的高低，还可以鉴定其品种或品系的特征是否明显，作为
选种的依据之一。獭兔的外形因品种或品系而异，但有共同的评
定内容和要求。

头部：头部可反映出獭兔的体质类型。头过大一般为粗糙
型，头小而清秀为细致型，头大小适中并与体躯大小相称为结实
型。眼睛要明亮圆睁，没有泪水和眼垢，眼球颜色应符合品种要
求。除垂耳兔两耳直立，獭兔两耳应直立，单耳或双耳下垂是不
健康的表现。耳朵大小、形状和耳毛的分布也应符合品种或品系

的要求。

颈部：肉用兔颈部较粗重，肌肉发达。毛用兔颈部较细长。肉髯是颈下的皮肤皱褶，毛用兔肉髯较小。肉髯过大是体质不结实的表现。

体躯：胸部要求宽而深，胸部的宽窄与全身肌肉发达程度有关，肉用兔要求发达的胸部，毛用兔则不必要求太高。背腰要求宽广、平直，过分上突或下陷是骨骼纤细、发育不良的表现。臀部要求丰满、宽而圆。腹部不能过大或下垂。

四肢：要求肢势端正，行走自如，伸展灵活，不内曲或外展，健壮有力，肌肉发达。有"划水"姿势、后肢瘫痪、跛行的个体不能留种。

被毛：被毛颜色和长短应符合品种特征。要求被毛浓密有光泽，毛色暗淡发锈是营养不良的表现。毛色要纯正、密度要大。毛密度是指单位皮肤面积上所含有的毛纤维数。外形评定时，可凭手感判断毛密度，用手触摸臀部被毛，如感觉紧密厚实，表明密度大；如感觉稀松虚薄，表明密度小。也可用肉眼判断毛密度，双手轻轻将被毛左右分开，如露出皮肤缝隙明显且宽大，表明密度小；如露出皮肤不明显或缝隙很小，表明密度大。

其他：公兔要求性欲旺盛，睾丸大而匀称。隐睾或单睾不能作种用。母兔要求有效乳头 4 对以上。公兔和母兔外生殖器应无炎症，肛门附近无粪尿污染或溃烂斑，爪、鼻、耳内无疥癣。经常流产、产后不肯哺乳、有咬吃仔兔恶癖的母兔以及性情凶暴、好斗成性的公兔或母兔不宜留种。

二、生长发育的评定

獭兔的生长发育能反映个体体型大小和体躯结构，预测各种生产性能，是选种的依据之一。评定獭兔的生长发育，除观察各种机能的成熟程度外，主要是进行体重和体尺测量。

体重：体重是生长发育和健康状况的主要指标。称量体重应在早晨喂料前进行，以克为单位。称量初生重、断奶重、3 月龄重、4月龄重、6月龄重、1周岁重，以后每年称重一次。

体尺：体尺测量项目根据要求而定，如欲详细研究獭兔生长发育规律或品种特征，可测量体长、头长、头宽、耳长、耳宽、腰高、胸围、上膊长、胫长等，但一般只需测量体长和胸围。毛用兔体尺测量在剪头后进行。体长是指从鼻尖到坐骨端的直线长度。测量时獭兔平卧，让其背腰自然伸直，用卡尺或直尺测量。胸围是指肩胛后缘绕胸廓一周的长度，青年兔体尺测量从3月龄开始，以后的体尺测量与称重同时进行。体尺以厘米为单位。

根据称重和体尺测量的结果，可以用以下方法进行生长计算。

1. 累积生长　獭兔每一时期测量体重和体尺，都是该个体在测量前生长发育累积的结果，所以称为累积生长。若要反映生长发育情况，则应以该兔群的平均数表示，并且标以标准差或变异系数，以表示生长发育的变异程度。

2. 绝对生长　某一时期内个体的体重或体尺的绝对增长值称为绝对生长。计算公式：$K = \dfrac{w1 - w0}{t1 - t0}$

式中：K 为绝对生长。$w0$ 和 $w1$ 分别为前后两次的称量值。$t0$ 和 $t1$ 分别为前后两次称测时间。

3. 相对生长　单位时间内个体的体重或体尺增长的百分率称为相对生长。计算公式：$R = \dfrac{w1 - w0}{w0} \times 100\%$

式中：R 为相对生长。$w0$ 和 $w1$ 分别为前后两次的称量值。相对生长也可用生长系数 C 表示，计算公式：$C = \dfrac{w1}{w0} \times 100\%$

三、繁殖性能的评定

繁殖性能是指獭兔繁殖后代的能力，包括产仔性能和哺育性能两方面。产仔性能从产仔数、产活仔数和初生窝重评定。哺育性能从仔兔成活率、泌乳力和断奶窝重来评定。

1. 产仔数　指一只母兔的实际产仔数，包括死胎、畸形胎和木乃伊胎。

2. 产活仔数 指称量初生窝重时的活仔兔数。初产母兔取连续两胎的平均数计算。

3. 初生窝重 指全窝仔兔吮奶前的重量。

4. 仔兔成活率 指断奶仔兔数占产活仔数的百分率。

5. 泌乳力 用 3 周龄仔兔的窝重减去初生窝重来表示。初产母兔取连续两胎的平均数计算。以克为单位。

6. 断奶窝重 指断奶时全窝仔兔的重量，包括寄养仔兔。

选择母兔除上述指标外，还应从一年产仔数和提供断奶仔兔数来评定。选择公兔时，繁殖性能也不能忽视，主要根据精液品质来评定，包括精液量、精子密度、精子活力、pH、畸形率等内容，其中主要是精子密度和活力。

四、生产性能的评定

(一) 产肉性能

产肉性能是选择肉用种兔和皮肉兼用型种兔的主要指标，包括生长速度、饲料转化率、屠宰率等。计算公式如下：

$$生长速度（日增重）= \frac{统计期内兔增重（克）}{统计期饲养日数}$$

$$饲料转化率 = \frac{统计期内饲料消耗量（克）}{统计期内兔增重（克）}$$

$$屠宰率 = \frac{胴体重（克）}{肉兔活重（克）} \times 100\%$$

公式中的饲料消耗量有不同的计算方法，有的只计算精料，有的将精料和草料合并计算，也有的根据饲料中可消化能或可消化蛋白质来计算。方法不同，结果也不同，所以应说明计算方法，并用同样方法对不同个体进行评定。公式中的肉兔活重是指屠宰前停食 12 小时以上的活重。胴体重可分全净膛重和半净膛重，全净膛是指除去血、皮、头、尾、前脚（跗关节以上）、后脚（跗关节以下）和内脏的胴体。半净膛是指全净膛加肝、肾、腹壁脂肪的胴体。

（二）产毛性能

产毛性能是选择毛用种兔的主要指标，包括年产毛量、产毛率、料毛比、优质毛率、粗毛率、结块率等。

1. 年产毛量　用估测年产毛量或实际年产毛量表示。估测年产毛量以 8 月龄（养毛期为 90 天）时一次剪毛量的 4 倍来计算。实际年产毛量为全年实际剪毛量的总和。

2. 产毛率　指产毛量与体重之比，通常用实际年产毛量占同年平均体重的百分率表示。产毛率可反映出毛的密度。

3. 料毛比　指统计期内饲料消耗量占同期剪毛量的百分比。如前所述，饲料消耗量采用同一计算方法加以说明。

4. 优质毛率　指特级毛和一级毛的重量占同一次剪毛总重量的百分率。

5. 粗毛率　指粗毛（包括两型毛）重量占同一次剪毛总重量的百分率。

6. 结块率　指结块毛重量占同一次剪毛总重量的百分率。

第三节　獭兔的选种和选配及引种

选种就是选择优良的个体为种用，选配就是为优良的种用个体选择配偶，选种和选配是育种工作的主要环节，应该根据獭兔的品种特征、毛色类型和种用要求来进行，是一项十分重要而细致的工作。

一、獭兔的选种

选择种兔不仅要求本身有优良的表现，而且还要有优良的遗传基础，在獭兔的生产实践中，选种的方法很多，目前在生产中较为常用的主要有个体选择、家系选择、阶段选择 3 种。

1. 个体选择　个体选择就是对候选獭兔本身的表现进行评定而确定其优劣程度，选择的目的根据生产的需求而决定，这是一种简单易行的方法，适应于一些遗传力高的性状的选择。因为遗传力高的性状，在兔群的个体间表现型的差异比较明显，就獭兔而言，选择体型大、生长发育快、饲料利用率高的、被毛品质好的性状，使用个体选择的效果比较明显。因此，在实际生产中采用个体选择时，就要选择生长发育快、体型大的个体留作种用，以期把这些优良特性遗传给后代。被毛品质方面，应选留毛色纯正、毛密、被毛平齐、戗毛含量少的个体留作种用，不断提高被毛品质。对不同性别的獭兔选择时应有不同的要求。

（1）种母兔　要求繁殖力高，要从多产窝中选留母兔。如果连续7次拒配（每天配种1次），连续空怀2~3次，连续4胎产活仔少于4只，这样的母兔应予淘汰；泌乳力要高，母兔的泌乳力一般可用仔兔21日龄的窝重来衡量，21日龄窝重大，说明母兔泌乳力高；另外，初生仔兔要求大小均匀，产仔大小不匀，说明仔兔和母兔的健康状况不好，而且仔兔死亡率高，还会有发育不良和矮小兔。千万不能从第一胎里选留种兔，最好在第二、三胎以后所产仔兔中选留，且有效乳头必须在4对以上，这样才能对亲本繁殖的遗传性能作出准确估计。

（2）种公兔　要把健康、活泼、性欲旺盛、精液品质好、被毛品质优良、体型大的个体留作种用。懒惰，行动迟钝，性欲不旺，隐睾、单睾或睾丸一大一小的个体，都不能留作种用。

2. 家系选择　又称亲缘选择，就是通过分析各祖代的生长发育、健康状况及生产性能来评定獭兔的种用价值，以整个家系为一个单位，这种方法适用于一些遗传力较低的性状，如繁殖力、泌乳力和成活率等。因为遗传力低的性状，其表现型受环境因素的影响较大，如果只按个体选择为依据，其准确性较差，采用家系选择法能正确地反映家系的基因型，选择效果比较好。

家系选择的主要形式有系谱选择、同胞测定和后裔鉴定等。

（1）系谱选择　就是根据系谱记载资料，如生产性能、生长发育、被毛特征等进行分析评定的一种选择方法。根据遗传规律，后代的品质很大程度上取决于祖先的品质及遗传稳定情况，而对子代品质影响最大的，首先是亲代（父母），其次是祖代、曾祖代。祖先越远，影响越小。因此，应用系谱选择时，只要推算到3～4代就够了，但在3～4代内必须有正确而完善的生产记录，才能保证选择的正确性。

（2）同胞测定　同胞是指同父同母的全同胞和同父异母或同母异父的半同胞。同胞测定就是以全同胞或半同胞的表型值来选留种兔的一种方法。獭兔的利用年限较短，采用同胞测验的选择方法，在较短时间内就可得出结果，优秀的种兔就可留种繁殖。所以，同胞测定能够缩短世代间隔，加速育种进程。进行同胞测验时，一般遗传力较低的性状，同胞数越多，则测定效果越好，最好提供5～7只以上的全同胞数和30～40只以上的半同胞数才比较可靠。

（3）后裔鉴定　是通过对大量后代性能的评定来判断种兔遗传性能的一种选择方法。一般多用于公兔，因为公兔的后代数量、育种影响都大于母兔。具体做法是：选择一批外形、生产性能、繁殖性能、系谱结构基本一致的母兔，在相同的饲养管理条件下，每只公兔至少选配10～20只母兔，然后根据各母兔所产后代的生长发育、饲料利用率、毛皮品质等性能进行综合评定，如果被鉴定的公兔所产后代的各项指标均高于同期同龄的其他兔，则表示该公兔的种用品质较好。

3. 阶段选择　就是综合运用个体选择和家系选择，根据各个时期的生产表现作出可靠的评价，把兔群分为育种群和生产群的一种选择方法。

（1）第一次选择　一般在断奶时进行，主要以系谱和断奶体重作为选择依据。系谱选择的重点是注意系谱中优良祖先的数量，优良祖先数量越多，其后代获得优良基因的机会就越多；断奶体重则对以后的生长速度有较大的影响（r=0.56）。

此外，还要配合同窝其他仔兔生长发育的均匀度进行选择，将符合育种要求的列入育种群，不符合育种要求的列入生产群。

（2）第二次选择　一般在3月龄时进行，从断奶至3月龄，獭兔的绝对生长或相对生长速度都很高。因此，鉴定的重点应是

3月龄体重、断奶至3月龄的日增重和被毛品质等，采用这三项指标构成选择指数，则可达到较好的选择效果。应该选留生长发育快、毛皮品质好、抗病力强、生殖系统无异常的个体留种用。淘汰生长慢、毛皮品质差和有病的个体。

（3）第三次选择 一般在5～6月龄时进行，这是獭兔一生中毛质、毛色表现最标准的时期，又正值种兔初配和商品兔取皮时期。所以，可以生产性能和外形鉴定为主，根据生产指标、商品指标和体质外貌逐一筛选，合格的进入后备种兔群，不合格的作商品兔取皮。对公兔还必须进行性欲和精液品质检查，体型小、性欲差的公兔不能留作种用。

二、獭兔的选配

选配就是有目的、有计划地选择适合的公、母兔进行交配，以巩固优良性状和获得期望的新遗传组合，提高后代群体的生产水平。如何为种兔选配，总的来讲不外乎品质选配和亲缘选配。

1. 品质选配 是根据獭兔间品质的异同来进行的选配，可分为同质选配和异质选配。

（1）同质选配 指选择体质、特性、生产性能、产品质量相似的优良公兔和母兔进行交配，以期获得优良的后代，同质选配的主要目的是把亲代的优良性状稳定地遗传给后代，并在后代中得以保持和巩固，不断提高群体的品质。

同质选配既能固定优良性状，同时也能固定不良性状。父母原有的轻微缺陷可能在后代中变得严重，所以不能选择有同样缺点的公、母兔进行交配，同质选配，还容易引起体质衰弱，容易导致生活力和适应性下降。因此，要特别注意严格选择，及时淘汰不良个体。

（2）异质选配 异质选配的一个含义是选择具有不同优点的公、母兔进行交配，以获得兼有双亲优点的后代，如獭兔的个体中，有的虽然体格中等，但毛密度大；有的毛密度性能差，但体格较大，如果选择这两种具有不同特点的公、母兔交配，使它们的优点在后代中集中表现，后代会出现体格大、毛密的表现型。另一个含义是选择同一性状上的优劣程度不同的公、母兔交配，以期后代在该性状上获得较大的改进和提高。

在实际的选配过程中，同质选配和异质选配是同时进行的，某些方面是同质的，而另一些方面是异质的，因为在种兔间显然有着不同的优良性状，但也有相同之处。例如公、母兔在毛密和体格大小上存在着差异，如果它们在毛的生长速度上都比较快，那么选择这对公、母兔交配，既有异质选配的成分，也有同质选配的成分；既能使公、母兔不同的优良特性在后代中结合，又能使公、母兔相同的优良性状在后代中巩固，将同质选配和异质选配巧妙的结合，这就是表型选配的技巧。

2. 亲缘选配　是考虑公、母兔有无亲缘关系进行选配，亲缘选配可分为亲缘选配和非亲缘选配两种，亲缘选配交配双方到共同的世代数在6代以内为亲缘选配，又称近亲交配，简称近交，共同祖先的世代数在6代以上的称非亲缘交配。

近交是基本的遗传效应，使基因型纯合，可以把优良性状固定下来，减少后代分离，提高性状真实遗传的概率，使后代群体整齐均一。虽然同质选配也能起着相似的作用，但必须正确判断基因型才能收到良好的效果。由于判断基因型不容易，而近交能增加同基因型号交配的概率，有助于提高同质选配的效果。所以在培育新品种过程中，有时可采用同质选配加近交的方法来固定优良性状。基因型纯合的结果使群体分货柜，形成一些各具特点而遗传结构又比较一致的群体。利用这些群体作为杂交亲本，可望获得较明显的杂种优势。近交使基因型纯合，原来存在于杂合体中的隐性有害基因也会因纯合而出现有害性状，及时淘汰这些不良个体，能使有害基因在群体中的频率大大降低。

由于近交具有上述遗传效应，在育种工作中占有重要的地位。世界上不少优良品种在培育过程中都曾采用近交方法。但近交也有有害的一面，即产生近交衰退现象，使后代群体生活力下降，适应性变差，生长缓慢，死胎和畸形增多，繁殖力减退，生产力降低。在育种实践中，要用其自防而防其弊，首先要明确近交主要是为了固定优良性状，只宜在新品种培育和品系繁育中使用，同时要采用灵活的近交方式，严格控制近交的速度和时间，切实执行严格的选择措施。

三、獭兔的引种

引种是獭兔生产中的一项重要技术工作。初养兔者需要引种，养兔场（户）为了扩大规模、更换血缘，或改良现有低生产性能基础兔群也需要引种。掌握正确的引种技术，是养殖獭兔的基础。

（一）引种前应考虑的因素

（1）初养獭兔者 必须事先咨询当地畜牧主管部门、养兔协会或行业专家，考查市场行情，如兔皮销路、价格等情况；同时，考虑当地适应性、饲料和自身条件，选购适宜的品系。

（2）养兔场（户）应考虑所引品系与现有品系相比有何优点。需要更换血缘时，应着重选择生长发育好、毛皮质量好、体型大的个体。应以引进良种公兔为主，适当引进良种母兔。

（3）详细了解原种场的情况，如饲养规模、种兔来源、管理水平，是否取得畜牧主管部门《种畜禽生产经营许可证》，是否发生过疫情或正处于疫情期，以及出售种兔月龄、体重、性别比例和价格等。

大、中型种兔场的设备好、人员素质高、经营管理较完善，且有完整的选育方案，种兔质量有保证，对外供种有信誉，并能提供良好的售后服务。从种兔场引种，一般比较可靠。

农户自办种兔场，一般规模较小，技术力量不够，缺乏严格的选育措施和系谱档案资料。近亲繁殖现象比较严重，种兔质量较差，购种时要特别注意精选。大规模引种不宜从农户处引种，尤其是种兔生产。

（4）购进种兔前，要进行场地、兔笼、器具的消毒，饲草料及常用药品的准备，还要对饲养人员进行必要的培训。

（二）种兔选购技术

1. 品系的选定　具体品系的选定应根据市场需求而定。目前，国内饲养的獭兔主要有美系、德系、法系和采用杂交育成的新品系，从总体市场发展趋势看，目前主要以饲养白色獭兔为主。对于初次引种者，应以引进白色为主。

2. 所选品系应符合本品系特征　每个獭兔品系色型都有其明显的外貌特征，选购时应根据其头部特征、耳型、被毛质量、毛色、眼睛、爪色等情况加以鉴别。

3. 选择优良个体　应着重根据被毛的密度、长度、平整度、色型、体型大小进行个体选择。口吹被毛难见皮肤（表明密度大），手抓被毛感到结实和体重、体型较大者均可选择。

所选个体应无明显的遗传缺陷，门齿过长、八字脚、垂耳、小睾丸、隐睾或单睾、阴部畸形的均不宜选购。另外，所选母兔乳头数应不少于 4 对。

4. 引种年龄　引种月龄不宜过大或过小。一般以 3～6 月龄青年兔为宜。在不清楚出生日期的情况下，獭兔的年龄可根据趾爪的颜色、长短和弯曲程度，牙齿生长情况和皮板厚薄及其松弛程度来进行区别。

（1）青年兔　趾爪平直，隐于脚毛之中，爪基部红色多于爪尖白色；皮板薄而富弹性；牙齿短小、洁白，且排行整齐。

（2）老年兔　趾爪勾曲而一半以上露于脚毛之外，爪基部红色少于爪尖的白色；牙齿黄褐色、长而排列不齐，并有破损；皮板粗厚而松弛。

（3）壮年兔　介于青年兔与老年兔之间。

5. 血缘关系　避免引种兔后近亲繁殖。在选购种兔时，要求种源场尽可能提供亲缘关系远的公兔和母兔，且公兔是来自不同血统的种兔。特别是引种数量少时，血缘更不能近。同时要向供种单位索要种兔系谱档案资料。

6. 健康检查　病兔不仅自身个体发育、生产性能差，严重时还会将病原传给兔群，造成全群覆灭。所以，引种时决不能忽视健康检查。

7. 引种数量 对于初养兔者或技术掌握不熟练又无专业人员时，引种可分批进行，第一次数量不宜过多，有养兔经验后再引入。

8. 引种季节 獭兔怕热，且应激反应严重。所以，引种选在气温适宜的春、秋两季。夏季必须引种时，视运输距离远近采取不同措施：短途运输，待气温下降后，采用夜间运输；长途运输，最好采用一兔一笼。空运为好，不宜汽车、火车运输，以免中暑。严冬气候寒冷，也以少引种为宜。

（三）种兔的运输

獭兔神经敏锐，应激反应明显，产热量高，运输不当，轻则掉膘，体质变弱，重则致病，甚至死亡，因此必须做好种兔的运输工作。

1. 备好运输车辆 引种时，一定要检查好运输车辆性能，保证万无一失，平安送达。

2. 备好包装 可选木箱、竹笼、铁笼等，笼子应坚实牢固，便于搬运。空运时，应考虑存粪尿的底层设备。内壁和底面要平整，无锐利物。起运前，要将兔笼、车辆、饲具进行全面消毒。

3. 办好检查手续 种兔起运前，请供种单位或当地兽医部门开具检疫证明书，减少途中检查停留时间。

4. 备好途中饲料 1 天左右的短途运输，可不喂料、不饮水；1～2 天的运输，可准备些干草和少量多汁饲料。2 天以上的运输，应备好途中饲料、急救药品等。

5. 携带过渡饲料 根据引种数量携带 2 周以上的种源场饲料，以便逐渐变换。

6. 途中检查 运输途中要对种兔勤检查、勤调理，防感冒、防中暑。车辆起停及转弯时速度要慢，尽量减少途中停留时间。

7. 处理好运输遗物 种兔到达目的地后，要将垫草、粪便进行焚烧或深埋，同时将笼具进行彻底消毒，以防疫病的发生和传播。

（四）引入种兔的饲养管理

（1）引回的种兔，放入事先消毒好的笼舍内，笼舍应远离原兔群，隔离种兔的饲养人员不要与原兔场内的饲养人员往来，以免传播疾病。一般隔离观察饲养 30 天，证明健康无病后，才能并群。

（2）刚到达目的地的种兔不要急于饲喂，待休息一段时间后，再喂给少量易消化的饲料，如青草、胡萝卜等，同时喂给淡盐水。

（3）饲养日程、饲料种类及日喂量应尽量与原供种单位保持一致。

（4）由于受运输、环境改变等应激因素的影响，每次喂量宜少不宜多，一般每次七八成饱。

（5）每天早、晚检查一次食欲、粪便和精神状态等，发现问题及时采取措施。

（6）引入的种兔适应 1 周后，可逐渐更换饲料，自配料前 3 天占日喂量的 1/3，第二个 3 天占 2/3，最后彻底过渡到自配饲料。

（7）引进獭兔个体大小不一致，或种源场提供免疫时间不准确时，待引入兔全部适应后，可重新注射兔瘟、巴氏杆菌等疫（菌）苗，以防免疫不及时，造成种兔死亡。

总之，加强新引入兔饲养管理，增强机体抵抗力，是引种成败的关键。

第四节　獭兔的繁育方式

正确的繁育方式是达到育种目标的基本保证。为了全面而有效地开展獭兔的育种工作，必须建立相应的繁育体系，采用有效的繁育方法，搞好有计划的兔群调整工作。

一、繁育体系

根据我国獭兔生产的现状和发展趋向、育种工作的性质和任务，繁育体系可由育种兔场、繁殖兔场和商品兔场组成。

1. 育种兔场　育种兔场的主要任务是负责对引进的种兔进行选育提高，负责新品种和品系的培育、改良工作，开展杂交组合试验等。

育种兔场要求具有较高的技术水平和管理水平，一般在獭兔育种工作搞得较好、技术力量较强、基本设备较全的地区或单位可逐步建成育种兔场。育种兔场的规模宜小不宜大，具有一定数量的基础母兔，年产一定批量的种兔即可。

2. 繁殖兔场　繁殖兔场的主要任务是从育种兔场引进种兔扩大繁殖，供应各养兔单位或养兔户。在繁殖兔场，应采取纯种繁育的方法繁殖纯种兔。

繁殖兔场一般可建在饲养獭兔比较集中的县、市，规模可超过育种兔场，而且可选购数个品系进行饲养。这类兔场除出售外，尚可出售一部分商品兔。但饲养管理和经营方式必须符合种兔场的要求，也可根据兔群情况，建立起本场的繁育体系（核心群、生产群和淘汰群）。

3. 商品兔场　商品兔场的任务是以最低的成本，生产出品质好、数量多的商品兔。根据獭兔生产的特点，应采用自繁自养形式，大量繁育商品兔，不能随意杂交，以免毛色混杂，性状分离，降低产品质量。一般养兔场或养兔户经营的多为商品兔，规模可根据各自的饲养条件而定。引良种兔除一部分进行纯繁留种外，绝大部分均作商品兔销售。商品兔场生产的产品质量是鉴定育种兔场、繁殖兔场种兔品质的最好依据，也是评定选育效果的重要标志。

二、繁育方法

獭兔的繁育方法，根据育种目的的不同，大致可分为纯种繁育、品系繁育和杂交繁育 3 种。

1. 纯种繁育　简称为纯繁，就是指同一品种或品系内的公、母兔进行配种繁殖与选育，目的在于保留和提高与亲本相似的优良性状，淘汰、减少不良性状的基因。

近年来，我国已从国外引进了不少具有不同色型的獭兔良种，为了保持、提高这些外来良种的优良性能和扩大兔群数量，必须采用纯种繁育。通过纯繁，增强其适应性，保持其纯度，有效增加数量，不断提高质量，使其能在生产工艺和育种工作中发挥更大的作用。在引入品种的选育中，应采取以下措施。

（1）集中饲养　凡从国外或国内其他地区引进的种兔，首先应集中饲养，以利风土驯化和开展选育工作。同时要严格执行选种选配制度，控制近交系数的过快增长。

（2）慎重过渡　对相同品种的饲养管理，应采取慎重过渡的办法，使之逐步适应新环境。同时还应逐渐加强适应性锻炼，提高其耐粗饲、耐热、耐寒性和抗病能力。

（3）逐步推广　引入品种经过一段时间的风土驯化之后，就可逐渐推广到商品兔场或专业养兔户饲养。育种兔场、繁殖兔场应做好推广良种的技术指导工作。

2. 品系繁育　品系就是来自相同祖先、一般性状良好而某一项或几项性状表现突出、外貌相似的后裔群。就獭兔而言，由于毛色不同，通常把每一种毛色称为一个品系。为了开展品系繁育工作，可以根据不同性状，例如毛色、毛质、体型、生长发育、繁殖性能等特点进行选育，形成具有不同优良性状的小群，然后进行品群间杂交，这样就有可能在后代中综合不同小群的优良性状而提高獭兔品质。

品系繁育的方法，目前常用的主要有系祖建系、近交建系和表型建系等 3 种。

（1）系祖建系　在兔群中选择出特别优良的种公兔，然后选择没有亲缘关系，具有共同特点的优良母兔 10～15 只与之配种，在后代中继续通过选种选配，进一步巩固和发展系祖的优良性能，迅速扩大优良兔群，使之获得具有与系祖相同优点的大量后代。

（2）近交建系　就是利用高度近交，使优良性状的基因迅速纯合，以达到建系的目的。建立近交系，基础母兔数越多越好，因近交中需大量淘汰，如基础群数量不足，就可能半途而废，近交建系的优点是时间短、效果显著。缺点是可能使有害隐性基因纯合，引起生活力下降。

（3）表型建系　就是根据生产性能、体质外形、血统来源等，选出基础群，然后闭锁繁育，经几代严格选育就可培育出一个新品系。这种方法简单易行，如果是养兔专业户，一家就可承担建系育种任务，而且环境条件一致，选育效果更好。

3. 杂交繁育　是指不同品种或品系的公、母兔之间的交配，用以提高兔群品质和培育出新的品种或品系的一种繁育方法。目前生产中常用的杂交方式主要有经济杂交、导入杂交、级进杂交和育成杂交等。

（1）经济杂交　又称简单杂交。采用两个或三个品种或品系的公、母兔交配，目的是利用杂种优势，即后代的生产性能和繁殖能力等都可能不同程度地高于双亲的均值，提高生产兔群的经济效益。在獭兔生产中，采用这种杂交方式时，应认真考虑杂交亲本的选择。杂交亲本必须是纯合个体，另外，要根据毛色遗传规律，掌握毛色的显性基因对隐性基因的作用关系，切忌无目的和不按毛色遗传规律进行杂交。

（2）导入杂交　又称冲血杂交。这种杂交方法的目的是，当一个品种基本符合国民经济的需要，但也存在个别缺点需要改良，如采用本品种选育则需时间很长，导入外血后则能很快达到改良的目的，使原品种更趋完善。导入外血一般不超过 $1/8 \sim 1/4$，如导入外血过高，则不利于保持原品种的优良特性。实践证明，如果原品种与导入品种的主要性状差异不大，则回交一代后就可自群繁育，横交固定，如差异较大，进行二代回交后即可横交固定。

（3）级进杂交　又称改选杂交。参加杂交的两个品种可分为改良品种与被改良品种，目的是改良与提高当前不能满足于社会经济要求的一些特征。方法是连续用改良品种的公兔与被改良品种的母兔杂交3～4代，直至杂交后代与改良品种的生产性能基本相符，即可进行自群繁育，横交固定，巩固和稳定其遗传性能。如果级进代数过少，过早横交自繁，则效果不好；但级进代数过高，适应性能往往降低。所以，必须及时分析杂交效果，不失时机地将理想类型进行横交自繁。

（4）育成杂交　主要用于培育新品种或品系。世界上现有的獭兔系几乎都是用这种方法育成的。根据杂交过程中使用的品种数量，又可分为简单育成杂交和复杂育成杂交：通过两个品种杂交以培育新品种的方法，称为简单育成杂交；通过3个以上品种杂交培育新品种的方法，称为复杂育成杂交。育成杂交的步骤，一般可分为杂交创新→自繁固定→扩群提高3个阶段。运用多品种杂交时，应很好地确定杂交用的父本与母本，并严格选择，创造适宜的饲养管理条件。

4. 兔群整顿　随着我国獭兔养殖业的兴起，各地均已新建了一些种兔场。一个新建兔场，要想有计划、有目的地开展选育工作，就应制订种兔的鉴定标准，根据品质好坏将兔群分为核心群、生产群和淘汰群。

（1）核心群　核心群是由整个兔群中个体品质最好、遗传性能优良的种兔组成的。有了核心兔群，选育工作就有了保障，以后的后备兔大多数均由核心群提供。

核心群的规模应小而精，但又不致造成被迫近亲交配，并能保证供应充足的后备种兔为原则。例如，一个规模为500只繁殖母兔的种兔场，核心群应保持繁殖母兔50只，种公兔8～10只。

（2）生产群　经鉴定，凡符合种用要求的均可列入生产群。生产群的数量很大，繁殖的后代大部分提供给繁殖兔场（二级场）或商品兔场（三级场），如果发现有特别优良的种兔，则可留作后备种兔。

一般农户自办的家庭兔场，采取自繁自养方式，可饲养种兔40～50只，保持存栏兔200只左右。这种规模所需劳动力和饲料都容易解决，管理也比较方便，经济效益也高。

（3）淘汰群 经鉴定品质极差、没有繁殖价值的兔子，一律转入淘汰群或作商品兔生产。

一个拥有40～50只种兔的家庭兔场，其合适的兔群结构为6～12月龄兔占20％～30％，1～2岁兔占40％～50％，2～3岁兔占20％～30％。3岁以上的兔子生产性能显著降低，每年必须对种兔群进行淘汰及更新，使兔群结构常年保持在最理想的生产水平。

第五节　獭兔的育种措施

獭兔的育种工作涉及面广，所需时间也较长。因此，要迅速、有效地完成育种工作任务，必须有明确的育种方向，以及相应的育种组织和措施。

一、育种方向

确定獭兔育种方向应该遵循的基本原则是"獭兔是专门的皮用兔种"这个前提。育种工作中必须考虑獭兔的毛皮品质，要求绒毛丰厚、平整；毛色纯正，色泽光亮；皮板足壮，质地坚韧。同时要求獭兔耐粗饲、生长快、体型大、产仔多。

二、育种组织

为了有计划、有组织地开展獭兔育种工作，各地都先后设立了一些獭兔育种协作组织，一般由有关农业院校、科技机构、技术行政部门和育种兔场等单位组成。育种协作组织大都是跨地区性的，主要任务是研究育种工作中的技术问题，提出改进意见，总结和交流育种经验，鉴定新品种（品系）等。

三、育种计划

培育新品种（品系），或是改良现有品种（品系），都要有周密的育种计划。内容包括：基本情况（现有兔群数量和质量，饲养管理条件等），育种目标（预期要达到的各项指标——毛色、体型、体重、繁殖性能、适应性能等），育种措施（育种方法、选种方法、选配方法、培育制度、防疫措施等）。

四、育种记载

在獭兔的育种和生产过程中，必须做好编号、体重、体尺等记载工作。

编号一般使用特制号钳编号。如无专用耳号钳，也可用消毒过的大头刺或数码，涂上墨醋即成。体重一般称测初生窝重，断奶窝重，3月龄、6月龄、周岁体重，所有称重均应在早晨空腹时进行。种兔体尺通常只测定体长和胸围。

五、种兔档案

种兔档案是育种、繁殖和饲养管理工作中不可缺少的资料，主要靠日常记录来提供。常用的有种兔卡片、种兔配种繁殖记录和种兔发育记录等。

凡成年公、母兔应有记载详细的种兔卡片，主要记录兔号、系谱、生长发育和生产性能等资料。种兔配种繁殖，母兔主要记载配种胎次、配种日期、分娩日期、产仔数、初生重、断奶重等；公兔主要记载初配年龄、体重、配种日期和配种效果等。种兔生长发育记录主要记载种兔的初生重、断奶重、3月龄体重、6月龄体重和体尺、成年体重和体尺等。

第四章

獭兔的繁殖

繁殖是獭兔生产中的重要环节，只有通过繁殖才能产生新的个体，扩大群体数量，了解和掌握獭兔的繁殖规律，充分发挥獭兔繁殖力强的优势，能更大程度地提高经济效益。

第一节 獭兔的生殖器官

獭兔的生殖器官，在形态、位置和解剖构造上都有其特点。了解其特点，对于搞好繁殖和预防生殖系统疾病具有重要意义。

一、公兔的生殖器官

公兔的生殖器官包括睾丸、附睾、输精管、副性腺、阴茎和阴囊（图3）。

图3 公兔的生殖器官

1. 膀胱　2. 输精管（骨盆部开始）　3. 输精管（精索部）4. 附睾头　5. 睾丸
6. 附睾尾　7. 精囊　8. 精囊腺　9. 前列腺　10. 尿道球腺　11. 球海绵体肌
12. 包皮　13. 尿道　14. 尿道外口　15. 阴茎　16. 前列旁腺　17. 尿生殖系膜
（引自张家口农业专科学校《养兔学》）

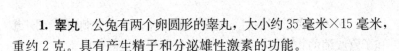

1. 睾丸 公兔有两个卵圆形的睾丸，大小约35毫米×15毫米，重约2克。具有产生精子和分泌雄性激素的功能。

胚胎早期开始形成睾丸，最初位于腹腔内，1～2月龄移至腹股沟管内，此时阴囊尚未形成，睾丸也很小，难于察觉和触觉。獭兔2.5月龄开始出现阴囊，约3月龄睾丸沿腹股沟管进入阴囊。由于腹股沟管宽而短，且终生不封闭，故睾丸可缩回腹腔或降入阴囊。成年公兔处于正确姿势时，睾丸位于阴囊内。如果性成熟时睾丸仍未降至阴囊内，称移植为隐睾。

睾丸外覆盖一层白膜，白膜向内延伸将睾丸分为若干间隔，称为睾丸小叶。睾丸小叶内的曲细精管上皮组织中的精原细胞经减数分裂产生精细胞，精细胞再发育成为精子。曲细精管之间的睾丸间质细胞产生雄性激素，雄性激素能促进公兔生殖器官发育，引起公兔性欲，促进第二性征出现，有助于精子的发生和延长其寿命。

睾丸是生殖器官的重要组成部分，在选种时，凡是单侧隐睾、双侧隐睾、小睾丸不匀称或睾丸硬化的公兔均应淘汰，不能留作种用。在饲养过程中，注意避免睾丸受伤或发生炎症。

2. 附睾 公兔的附睾发达，由附睾头、附睾体和附睾尾三部分组成一条弯曲的管道，头尾分别与睾丸和输精管连接。在睾丸中形成的精子进入附睾，并在通过附睾的4～7天时间里完成生理成熟过程。精子在附睾中能存活30～60天。

3. 输精管 输精管呈弯曲细管状，左右各一条，由与附睾尾连接处起始，沿腹股沟管上升入腹腔，经骨盆腔与尿生殖道相接。输精管的肌肉层发达，交配时强烈收缩，能将附睾尾中的精子通过尿生殖道排出体外。

4. 副性腺 副性腺包括精囊腺、前列腺、前列旁腺和尿道球腺四种。这些腺体分别开口于生殖道，各自分泌的性腺液是精液中精清的主要成分，能稀释浓稠的精液，利于精子在公兔和母兔的生殖道中运行；能为精子提供营养；能冲洗尿生殖道中残存的尿液，减少环境对精子的不良影响，提高受精能力；能形成阴道栓，封闭母兔子宫颈口，防止精液倒流；能提供刺激母兔阴道和子宫收缩的物质，提高精子通过母兔生殖道的速度。

5. 阴茎 阴茎呈圆柱状，固定于耻骨联合后缘，主要由海绵体构成，有交配和排尿功能。阴茎游离端稍弯曲，形成膨大的龟头。平时阴茎包在包皮内，朝后方伸到肛门附近。性欲冲动时，海绵体充血膨胀，阴茎勃起朝向前方。

6. 阴囊 阴囊有容纳、附托和保护睾丸、附睾和部分输精管的作用，有调节睾丸温度的功能，通常阴囊内的温度低于体温5~6℃，以保证睾丸能产生正常的精子。

二、母兔的生殖器官

母兔的生殖器官包括卵巢、输卵管、子宫、阴道和外生殖器（图4）。

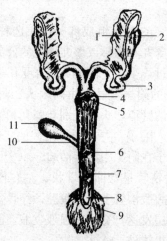

图4　母兔的生殖器官

1. 输卵管　2. 卵巢　3. 子宫　4. 子宫颈　5. 子宫颈间膜　6. 尿道开口

7. 阴道前庭　8. 阴蒂　9. 阴门　10. 尿道　11. 膀胱

（引自张家口农业专科学校《养兔学》）

1. 卵巢 母兔有一对卵巢，左右各一，呈卵圆形，淡红色，由卵巢系膜悬于肾脏后方第五腰椎横突附近的体壁上。卵巢的大小和形状依獭兔的年龄和性发育程度而异，幼兔卵巢体积小、表面光滑，成年兔卵巢增大，长 1.0～1.7 厘米，宽 0.3～0.7 厘米，重 0.3～0.5 克。卵泡成熟时卵巢表面有透明的小圆泡突起，形似桑葚。怀孕母兔的卵巢表面可见暗灰色的小丘，称为黄体。

卵巢由皮质层和髓质层构成。皮质层中有许多处于不同发育阶级的卵泡，初级卵泡、次级卵泡和成熟卵泡。髓质层中丰富的血管为卵泡发育提供所需的营养。卵泡上皮细胞分泌的动情素能促进雌性生殖器官的发育和副性征的出现，能作用于大脑的性活动中枢，促进母兔性兴奋，引起发情。黄体细胞分泌的孕酮能使子宫黏膜增厚，便于受精卵植入，并能保证胚胎在子宫内安全发育。

2. 输卵管 输卵管有输送卵子的功能，并且是受精的部位和早期胚胎发育的场所。输卵管全长 9～15 厘米，其前端近卵巢处呈漏斗状，漏斗边缘不规则的花瓣状突起能包住卵巢，承接卵巢排出的卵子，以免卵子落入腹腔。由于输卵管壁肌肉的蠕动及管壁上纤毛的运动。卵子沿输卵管向子宫方向运行。输卵管前半部较粗的部位称为壶腹部，是卵子受精的地方。输卵管的另一端与子宫相接。

3. 双子宫獭兔 是双子宫动物，一对半圆形肉质管道状的子宫悬挂在子宫阔韧带上。子宫前接输卵管，后以子宫口开口于单一的阴道，左右子宫沿全长都是分离的，没有子宫体和子宫角之分。受精后，受精卵依次植附在左右子宫内，怀孕两周后可隔着腹壁摸到两排肉球状的胎儿。

4. 阴道 阴道是交配时贮存精子的场所，也是分娩仔兔的通道。獭兔的阴道一般长 7.5～8.0 厘米，大型兔的阴道长达 13 厘米，在输精时要注意这一点。从子宫颈到尿道瓣的部分称为固有阴道，从尿道瓣到阴门的部分称为阴道前庭，阴道前庭以阴门开口于体外。由于尿道开口于阴道前庭腹壁上，所以阴道前庭是尿液排出的通道。

5. 外生殖器 又称外阴，包括阴门、阴唇和阴蒂三部分。

阴门开口于肛门腹方，长约1厘米。阴门两侧突起处称为阴唇。左右阴唇联合处有一个突起称为阴蒂，獭兔的阴蒂很大，长约2厘米，具有公兔阴茎海绵体相似的组织，有丰富的感觉神经末梢。

第二节　獭兔的生殖生理

獭兔以有性生殖方式进行繁殖。有性生殖是精子和卵子结合成为受精卵进而发育为成体的过程。

一、精子的发生

睾丸小叶的精母细胞经过分裂和发育而成为成熟精子的过程称为精子发生。公兔接近性成熟时，精原细胞通过有丝分裂进行增殖，然后长大成为初级精母细胞。初级精母细胞经第一次减数分裂，产生两个染色体数目减半的次级精母细胞；再经第二次减数分裂，每个次级精母细胞各产生两个精细胞。精细胞在支持细胞的顶部发生形态上急剧的变化而形成精子，精子从支持细胞的细胞质中脱出，进入精细管腔。这时的精子缺乏活动能力，不能受精。随着精细管的蠕动和收缩，精子经睾丸输出管进入附睾，精子通过附睾的时间需8～10天，在这过程中，精子完成生理成熟，获得活动能力、受精能力和受精后发育成正常胚胎的能力。

成熟的精子由头部、颈部和尾部组成，尾部又可分为中段、主段和末段三部分。精子头长0.8微米，宽0.5微米，精子全长33.5～62.5微米。头部的主要成分是细胞核，其前端形成透明帽状的顶体，顶体是由高尔基复合体形成的双层薄膜囊，内含多种水解酶，如透明质酸酶，顶体酶、穿冠酶等。顶体与受精有密切关系，如果顶体受损，精子会失去受精能力。颈部很脆弱，精子在成熟过程中稍受影响，尾部很容易在此处脱落成无尾精子。尾部中段有由线粒体形成的螺旋形结构，与精子活动有关。如果顶体受损，精子会失去受精能力，但如果尾部中段是完好的，该精子仍可活动。精子有两个中心粒，近核中心粒位于颈部，远核中心粒位于尾部中段。由近核中心粒产生的鞭毛作为尾轴一直穿过尾部中段到尾部末段。

射精时，存活于附睾的精子通过输精管进入尿道，并与排入尿道内的副性腺分泌物充分混合形成精液，随后射出体外。

优良品质的精液是提高繁殖力的重要保证。影响精液品质的因素包括①遗传因素，双侧隐睾公兔的精液中没有精子，单侧隐睾公兔精子浓度下降，精子数量与睾丸大小有关。②激素因素，对精子发生起调控作用的激素有促卵泡素（FSH）、促黄体生成素（LH）和以睾酮为代表的雄激素。③年龄因素，24月龄公兔精子日产量最大，36月龄后逐渐减少。④生理状态，换毛期内精子浓度下降。⑤温度和日照因素，30℃以上严重影响精子产生，35℃以上精液品质明显下降，日照时间从每天8～12小时增至16小时，精子数和睾丸重量也会明显下降。

二、卵子的发生

在獭兔胚胎期，原始的生殖细胞分化为卵原细胞。在胎儿期或出生后不久，卵原细胞通过有丝分裂增殖，成为卵母细胞。到性成熟后就不再有卵母细胞发生。

卵母细胞和环绕在其周围的单层卵泡细胞构成初级卵泡。初情期后，卵泡细胞通过有丝分裂而增殖，形成由多层细胞组成的卵黄膜，环绕着卵母细胞，卵母细胞与卵泡细胞之间形成透明带，卵黄颗粒增多，卵母细胞体积增大，初级卵泡发育为次级卵泡，卵母细胞发育成为初级卵母细胞。次级卵泡移向皮质中央，卵泡细胞层之间分离，形成充满卵泡液的卵泡腔，腔内壁衬以称为颗粒膜的多层卵泡细胞，初级卵母细胞突入腔内。此时，次级卵泡发育为三级卵泡。三级卵泡继续发育，成为成熟卵泡，成熟卵泡扩展至皮质的整个厚度，并突出于卵巢的表面。母兔在每个发情周期一般有18～20个成熟卵泡。

在卵泡发育后期，初级卵母细胞进行第一次减数分裂，形成次级卵母细胞和第一极体，其中的染色体数目减半。一般来说，在排卵时只完成一次减数分裂，排卵后次级卵母细胞开始进行第二次减数分裂，直至精子入卵才完成，形成卵子和第二极体。第一极体和第二极体虽含有半数染色体，但含细胞质少，在卵母细胞的透明带内退化。

獭兔的卵子呈圆形，直径为 92～120 微米，最大为 160 微米。卵子除有体细胞一般结构外，还有特殊的结构——放射冠、透明带、卵黄膜及卵黄等。卵黄膜与体细胞细胞膜的结构和性质相似，外层环绕着透明带，是由卵泡细胞质中无形成分变成的一种均质半透明膜，具有保护卵子正常受精、防止多精受精和保证物质代谢的作用。透明带周围由卵泡细胞形成放射冠。

三、母兔的发情与排卵

发情是母兔进入性成熟后表现的一种周期性的性活动现象。卵泡在发育过程中产生的雌激素引起母兔生殖道充血肿胀，分泌大量黏液，出现性欲和性兴奋，表现一系列发情征候。

母兔发情主要表现为：烦躁不安，食欲减退，往返跑动，反应敏感，顿足刨地，排尿频密。性欲强的母兔会主动接近公兔，当公兔爬跨时会主动抬起臀部，以配合公兔的交配动作。未发情母兔的外阴部黏膜为白色，发情开始时黏膜呈粉红色，继而变为大红色，发情结束时为紫红色。外阴部呈大红色和中度充血肿胀时受交配刺激即可排卵。因此，母兔配种有"粉红早、紫红迟、大红正当时"之说。母兔上述表现和变化持续 3～4 小时，这个时期称为发情期。发情判断主要依据的是发情行为和外阴部黏膜的颜色。

卵泡发育是一个连续的过程，卵巢中有处于不同发育阶段的卵泡，处于同一发育阶段的卵泡有 10～20 个，在这批卵泡发育成熟时，正是母兔的发情期。发情期内如果不配种或不受孕，成熟卵泡在激素作用下逐渐萎缩、退化，并被周围的组织吸收。前一批卵泡退化，后一批卵泡继续发育直至成熟，出现又一个发情期。两次发情期间隔的时间为发情周期。发情周期既受自身神经系统和内分泌系统的调节，又受诸如季节、温度、光照、营养条件等因素的影响。有人认为母兔不存在固定的发情周期，也有人把发情周期定为 8～15 天。母兔的发情周期不像其他家畜那样严格，未孕母兔在不发情时强迫进行交配，往往也可受胎。

一般母畜的发情过程伴随着排卵，排卵不需外刺激而自发进行，称为自发性排卵。母兔却不同，出现发情征候并不伴随着排卵，只有在接受公兔交配或相互爬跨，或注射外源激素后才发生排卵，这种现象称为刺激性排卵或诱导排卵。母兔在接受上述刺激后 10～12 小时才从卵巢中排出成熟的卵子。有人认为，母兔不能自发排卵，是因为母兔的脑下垂体不能自发释放出足以引起成熟卵泡破裂所需的促黄体生成素（LH）。

母兔排卵后而未受精，但却出现种种类似妊娠的表现，这种现象称为假妊娠。假妊娠期持续 12～18 天，早期表现为拒绝交配，末期表现出临产行为。衔草做窝，拉毛营巢，乳腺发育并分泌乳汁等。假妊娠会因虽经交配但未受胎而引起，又会因母兔间相互爬跨引起母兔排卵而产生。母兔排卵后在卵泡破裂处形成黄体，黄体细胞能分泌一定数量的孕酮，使未孕母兔能表现出假妊娠的现象。在假妊娠期配种，不能引起母兔排卵和受胎。据报道，假妊娠结束时配种较易受胎。

四、受精

受精是指精子和卵子结合成为受精卵的过程。

自然交配或人工授精后，精液进入母兔阴道内子宫颈口附近，并很快就通过子宫颈送入子宫，交配 30 分钟左右，精子到达输卵管，2～4 小时才到达壶腹部，并在那里与卵子相遇。精子通过母兔生殖道时发生复杂的生理生化过程，获得与卵子结合的能力，称为获能作用，这一过程约需要 6 小时。所以，虽然精子在 24 小时内保持受精能力，但必须 6 小时才真正具备与卵子结合的能力。

母兔接受刺激后 10～12 小时排卵，卵子沿输卵管漏斗部进入输卵管并向子宫方向移动。卵子虽然可存活 12～24 小时，但卵子排出后 8～10 小时后会被黏蛋白覆盖而不能受精。卵子最高受精能力的时间是在排卵后 2 小时。

精子和卵子在输卵管壶腹部相遇，获能后的精子释放出透明质酸酶，溶解包围在卵子周围的放射冠，形成一条通道，精子依靠本身运动穿过放射冠而接近透明带。精子又释放透明带溶解素使透明带软化，精子穿过透明带进入卵周隙，进而与卵黄膜接触。此时，卵子受精子刺激，从静止状态中苏醒，开始发育形成原核。精子在卵黄膜附着一定时间后，卵黄膜破裂，精子进入卵黄内。精子入卵后，细胞核出现若干个核仁并集合在一起，周围生成一层核膜，形成雄原核。卵子在此时进行第二次减数分裂，排出第二极体，进一步发育成为雌原核。两个原核同时发育，体积不断增大，几小时可达原来的 20 倍，两原核经一段时间的充分发育，彼此接触并合并，核仁和核膜消失，形成受精卵，受精过程至此完成。从精子接触卵子到两原核合并的整个受精过程需10～18 小时。

五、妊娠

妊娠是指受精卵在母体内发育成胎儿的过程。完成这一过程的时间称为妊娠期。

精子和卵子结合成受精卵后，立即进入胚胎发育过程，并沿输卵管向子宫方向移动，约经 72 小时，受精卵进入子宫，依靠子宫壁肌肉的收缩运动，顺着子宫的纵长分布开来，附植子宫并形成胎盘。由于獭兔是双子宫动物，两个子宫完全分开，所以胚胎只能在同侧子宫中附植，不能像其他动物那样，胚胎可在两个子宫角之间移动。獭兔两侧子宫附植的胚胎多少不一，完全取决于每侧卵巢排出的卵子受精的情况。从配种到胚胎移植子宫形成胎盘需 7 天到 7 天半的时间，所以摸胎检查应在配种第 8 天以后才能进行，以免发生流产。

胎盘形成之前，胚胎是从输卵管和子宫分泌物中吸取营养；胎盘形成以后，胚胎通过胎盘从母体吸取营养，并进入急剧生长发育阶段，体重和体长迅速增长，愈接近妊娠后期增长愈快。母兔妊娠后新陈代谢旺盛，食欲增强，以满足胎儿生长发育的需要。因此，要根据妊娠母兔生理特点和营养需要，加强饲养管理，维持母兔良好体况，保证胎儿正常发育。

獭兔的妊娠期平均为 30 天，变动范围为 29~34 天，不足 29 天为早产，超过 34 天为异常妊娠。妊娠期的长短与品种、年龄、营养状况、胎儿数量和发育情况有关。大型品种母兔妊娠期比小型品种长，老年兔比青年兔妊娠期长，胎儿少的比胎儿多的妊娠长，营养状况好的比营养状况差的妊娠期长。

六、分娩

分娩是指发育成熟的胎儿离开母体的生理过程。

分娩前的母兔，会出现生理上和行为上的一系列变化，称为分娩预兆。主要表现为：分娩前 3~5 天乳房开始肿胀，并可挤出少量乳汁；肷部出现凹陷，尾根和坐骨间韧带松弛，外阴部肿胀充血，阴道黏膜潮红湿润；行动不安，食欲减退，甚至拒食；分娩前 1~2 天开始衔草做窝；分娩前 10~12 小时用嘴将胸腹部乳房周围的毛拉下营巢；分娩前 2~4 小时频繁出入产箱。母兔产前拉毛营巢是一种正常生理现象，拉毛可刺激乳腺泌乳，又可为分娩创造一个好环境。一般来说，拉毛早、泌乳多。母性好的母兔拉毛早，拉毛也多。对不拉毛的初产母兔和母性不良的经产母兔，要进行人工拉毛，拉下乳房周围的毛放进产箱内铺好，以启发母兔自己拉毛，同是可以刺激乳腺发育。

母兔临近分娩时，催产素引起子宫节律性收缩，表现为精神不安，腹部阵痛，四肢刨地，弓背努责。不久，尿囊绒膜与子宫内膜分离，胎儿进入阴道，胎衣破裂，羊水流出，仔兔连同胎衣一起排出，母兔边分娩边将仔兔脐带咬断，并吃掉胎衣，舔干仔兔身上的血迹和黏液，等全部仔兔产下后，分娩即告结束。母兔分娩时间较短，每隔 2～3 分钟产仔一只，产完一窝仔兔一般只需 20～30 分钟。但也有个别母兔产出第一批仔兔后，间隔数小时再产第二批仔兔。

母兔分娩后很需要喝水，应及时满足其需要，避免因口渴而将仔兔吃掉。产仔结束后，将仔兔轻轻取出产箱，清除污物，加入柔软的垫草。清点仔兔数目，吃奶前称取初生窝重，再将仔兔放回箱中。

第三节　獭兔的繁殖技术

獭兔的繁殖潜力很大，但在自然条件下不能充分发挥其作用，只有根据獭兔的繁殖特性，采取相应的技术措施，才能充分发挥獭兔的繁殖潜力，获取更多的优良后代。

一、适龄配种

獭兔生长发育到一定时期，生殖器官基本完成，开始具备繁殖后代的能力，一般来讲，3～4 月龄的母兔、4～5 月龄的公兔进入性成熟期，但此时未达到体成熟期，体成熟约为性成熟的 2 倍时间，即母兔 6～8 月龄、公兔 8～10 月龄，獭兔达到性成熟和体成熟的年龄是因品种、年龄、营养水平、健康状况、气候条件等不同而有差异的。大体而言，小型品种比大型品种早一个月，肉用品种比毛用品种早一个月，母兔比公兔早一个月。

在生产实践中，刚达到性成熟的獭兔虽然具有繁殖能力，但不宜配种，过早配种不仅影响自身的生长发育，而且受胎率低、产仔少、仔兔初生重小、母兔乳汁少、仔兔成活率低。但配种也不能过迟，以免缩短种兔的利用年限，一般采用年龄和体重两个指标，只要其中之一达到标准，即可进行配种，公兔的标准是 8～10 月龄，体重 3 000～3 500 克；母兔的标准是 6～8 月龄，体重 2 500～3 000 克；也有以体重为唯一标准，认为獭兔的体重达到成年体重的 70% 时，即可配种。种兔的利用年限一般为 3

年，不同品种和个体有较大的差异，主要根据繁殖性能表现决定使用或淘汰。

二、适时配种

獭兔一年四季均可配种，但不同季节的温度、湿度、光照等自然条件的变化，对公兔的性欲和精液品质、母兔的发情率和受胎率以及仔兔的发病率和成活率等都有很大的影响。因此，在不同季节配种要采取相应的措施。

一般而言，春季和秋季是獭兔配种繁殖的理想季节，气候温暖，饲料丰富，光照强度和时间合适，公兔性欲旺盛，精液品质好，母兔受胎率高，产仔数多。但南方省份春季阴雨绵绵，湿度很大，是獭兔疾病多发季节，应采取防湿、防病措施。獭兔在秋季换毛，营养消耗大，对繁殖会有影响。

夏季和冬季对獭兔繁殖相对不利。夏季持续高温，獭兔食欲减退，体质转弱，公兔性欲降低，睾丸重量显著减轻，精液品质明显下降：精液量减少，pH 增高，异常精子率增高，精子活动力降低。母兔受胎率低，产仔数少，泌乳量少。仔兔体弱多病，成活率低。但若能采取相应措施，夏季配种也能收到较好的效果。冬季气温低，青绿饲料少，营养水平下降，獭兔性欲减退，仔兔容易冻死。因此，冬季配种须有充足的青绿饲料，要有良好的保温设施，要对仔兔进行精心护理。

在一天中，日出、日落前后 1 小时獭兔性活动最为强烈，所以獭兔在清晨或傍晚配种的成功率也最高。配种应在喂食1～2 小时后进行，尤其对公兔限制饲养时更应注意，否则会因公兔喜食饲料而不与母兔接触，或因母兔受公兔恐吓而拒绝交配。

在獭兔适宜配种的生理状态下配种，可以得到良好的效果。如前所述，在母兔发情期内，当外阴部红肿湿润、呈现大红色时配种受胎率高。此外，母兔产仔后 1～2 小时内配种，仔兔断奶后 1～2 小时配种，假妊娠结束后配种，母兔都容易受胎。

三、配种制度

1. 重复配种　是指母兔跟一只公兔交配后 12～14 小时，再跟同一只公兔交配一次。在正常情况下，公兔与母兔一次交配即可受孕，但有些公兔的精子未到达受精部位便失去受精能力，有些较长时间未配种的公兔精液品质差，只配一次不能确保妊娠。又由于獭兔是刺激性排卵动物，第一次交配可刺激母兔排卵，再进行第二次交配，可提高母兔受胎率。

2. 双重配种　是指母兔跟一只公兔交配约 20 分钟后，再与另一只公兔交配一次。两只公兔先后与同一母兔交配，不同的精子相互竞争，增加卵子在受精过程的选择性，可提高母兔的受胎率。但双重配种只能用于商品兔生产，不能用于种兔生产。在进行双重配种时，应在第一次配种后马上将母兔放回原笼，相隔一段时间，待母兔身上的公兔气味消失后，再与另一只公兔交配，以免因母兔身上有其他公兔气味而引起争斗致伤。

3. 频密繁殖　现代獭兔生产要求每只母兔每年提供 40～50 只仔兔，按传统繁殖法，仔兔 40～45 日龄断奶，然后进行配种，那么，一年只繁殖 4 胎左右，难以实现上述目标。为加快繁殖速度，可采用频密繁殖法。频密繁殖又称"血配"，即产后 1～2 天配种，仔兔 21～28 日龄断奶，每年可繁殖 8～10 胎。也可采用半频密繁殖法，产后 10～15 天配种，仔兔 30～35 日龄断奶，每年可繁殖 5～6 胎。

由于采用频密繁殖法，哺乳与妊娠同时进行，所以应选用体质健壮的母兔，并充分满足母兔的营养需要，遇上严寒酷暑应采取保暖和降温措施。采用频密繁殖法，母兔使用年限会缩短 1.0～1.5 年，应注意后备种兔的培育和种兔的更新。

四、配种方法

(一) 自然交配

自然交配是公兔和母兔之间直接交配。自然交配可分为自由交配和人工辅助交配。自然交配是指公兔和母兔混群饲养，任其自由进行交配。这是一种原始的配种方法。优点在于配种及时，防止漏配，方法简单，节省劳力。但缺点很多：①无法按计划选配，容易发生近亲交配，无法弄清后代血统。②容易造成公兔和母兔早配早衰，影响健康和生产力。③难以确定配种日期和分娩时间，容易造成流产和意外事故。④容易引起同性殴斗和传播疾病。总之，这种方法弊多利少，在生产中尽量避免使用。

（二）人工辅助交配

平时公兔和母兔分笼饲养，配种时把母兔放入公兔笼内在人工辅助下进行的交配。这种方法能做到有计划地选配，避免近亲交配，能合理安排公兔配种次数，提高公兔利用率和使用年限，能有效地防止疾病传播，有利于计划管理，因而在生产中广为使用。

在进行人工辅助交配前，首先要对公兔和母兔进行检查，按配种计划选择健康状况良好、体质健壮、性欲旺盛的个体进行交配。其次是做好消毒和清洁工作，把公兔和母兔外生殖器附近的毛剪去，把公兔笼内的粪便和污物清洗干净，检修笼底板，移走食盆和水盆等。

在进行人工辅助交配时，将发情的母兔捉到公兔笼内，当公兔嗅到母兔气味后便会追逐，母兔蹲伏让公兔爬跨，公兔爬上母兔后躯，并用前肢揉弄母兔腹侧，母兔支起后肢，举尾迎合，公兔阴茎插入母兔阴道后立即射精，并发出"咕咕"叫声，后肢卷缩，倒向母兔一侧随即离开母兔。交配结束后把母兔后臀提起，轻拍几下，母兔紧张一缩，可使子宫和阴道收缩，可防止精液倒流，然后把母兔送回原笼。从将母兔放入公兔笼中直至完成交配，一般仅需3～5分钟。

（三）人工授精

人工授精是用器械采集公兔的精液，经处理后再输入到母兔的生殖道内，使其受胎，人工授精的优点很多：①能够充分利用优良种公兔，一只公兔一次采精量经人工稀释后可配10只母兔。

②便于进行同期发情、同期配种和同期分娩。可以克服某些繁殖障碍，提高受胎率。③减少生殖道疾病的传播。④减少种公兔的饲养量，降低成本、增加收入。总之，人工授精是一项简单易行、效果显著的配种方法，在生产中广泛应用。

1. 采集精液 采集精液的方法有按摩法、电激法、假兔台法和假阴道法等，最常用的是假阴道法。

假阴道由外壳、内胎和集精杯三部分组成，外壳取内径1.8～2.0厘米的半硬质橡胶管，截取6厘米长制作成外壳。

内胎可选用直径与外壳相应的手术用乳胶指套（剪去顶端）或用直径3.0～3.3厘米的人用避孕套代替（图5）。

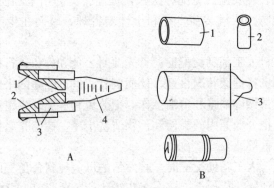

图 5　采精器

A. 套管式采精器　1. 温水　2. 内胎　3. 外壳　4. 集精杯

B. 直管式采精器　1. 橡胶管　2. 集精杯　3. 避孕套

（引自张玉、高荣耀《獭兔养殖大全》）

集精杯可用与外壳内径相适应的专用玻璃集精杯或小试管。

安装：外壳先用清水洗净，再用肥皂水清洗，然后用清水冲洗，最后用生理盐水冲洗一遍。集精杯先用肥皂水反复清洗，再用清水洗净，最后用生理盐水冲一遍。将清洗消毒的内胎放入外壳内，将避孕套的盲端剪去一截，先将内胎一端翻转于外壳一端，并用胶圈固定，提起内胎另一端，往内胎和外壳中间的夹层灌水（温度45℃左右），直到灌满，再将内胎的另一端翻转于外壳的另一端，用胶圈固定即可。将集精杯安装于假阴道一端，使另一端口处呈Y形。将消过毒的温度计插入假阴道内胎中间测温，待温度为39～40℃时便可采精。

采精：选一只发情母兔作台兔采精。先将台兔放到公兔笼内，让公兔爬跨，待公兔爬跨后，将公兔推下，反复2～3次，以提高公兔性欲，增加采精量。操作者一手抓住母兔耳朵及颈部皮肤，一手握住采精器伸到母兔腹下，使假阴道开口紧贴母兔外阴部的下方，突出约1厘米。令假阴道开口端稍低，集精杯端稍高；其倾斜角度与公兔阴茎挺出的角度一致。当公兔阴茎反复抽动时，采精人员及时调整假阴道的高度与角度，使公兔阴茎顺利进入假阴道射精。公兔射精后，应立即将假阴道开口端抬高，使精液流入集精杯，以防外流，并迅速从母兔腹下抽出，竖直采精器，取下集精杯，并将黏在内胎口端的精液引入集精杯，加盖并贴上标签，送到人工授精室检测精液品质。

2. 精液品质检查 采得的精液置于30℃恒温水浴中或专用的恒温检查箱内，室温应在15℃以上。精液品质检查的内容包括射精量、色泽、气味、pH、精子密度、活力、形态等。

（1）射精量 是指一次射出精液的数量，成年公兔一次射精量约为1毫升。射精量与品种、体型、年龄、营养状况、采精方法、采精频率等因素有关。

（2）色泽和气味 正常精液的色泽为乳白色或灰白色，混浊而不透明，混浊越明显，表明精子密度越大，肉眼可见精子的云雾状翻滚，正常的精液有腥味，无臭味。

（3）pH 正常精液的pH为6.6～7.6，偏高、偏低都不宜使用。一般用精密pH试纸测定。

（4）精子的密度 指每毫升精液中所含的精子数量，测定方法有两种，一种是估测法。常用的估测法（图6）是根据显微镜下精子间的距离来估测精子密度，分为密、中、稀三个等级（表3）。凡是视野下所观察精子之间无任何间隙者，其密度定为

"密"；凡视野下所观察精子之间有能容纳 1～2 个精子的间隙，其密度为"中"；凡视野下所观察精子之间有能容纳的 3 个及 3 个以上精子空隙，则定为"稀"。

表 3　精子密度等级及标准

等级	精子之间距离	精子数（亿/毫升）
密	小于 1 个精子长度	10 以上
中	1～2 个精子长度	5～10
稀	2 个以上精子长度	5 以下

　　另一种是计数板测定法，指借助于血细胞计数板精确算出单位体积精液中精子数量的方法。

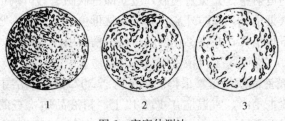

图 6　密度估测法

1. 密　2. 中　3. 稀

（引自张玉《獭兔养殖大全》）

　　具体操作：①取血细胞计数板，盖上盖片，于显微镜下观察，使之清晰可见 1 毫米^2 面积上有 25 个中方格（图 7）。②取白细胞吸管，吸取公兔精液到"0.5"刻度处，并拭去吸管外壁精液。③再吸取 3％氯化钠溶液至"11"刻度处。④以拇指、食指分别按住吸管两端，充分振荡混合，然后弃去吸管前端数滴混合液，将吸管尖端谨慎地放在计数板与盖玻片之间的空隙边缘，使吸管中之稀释液自然地被吸入充满计数室。⑤在计数板 25 个中方格中，选择位于一条对角线上或四角各 1 个，再加中央一个，选取 5 个中方格，依次计算出每个中方格内 16 个小方格的精子数。计算时，以精子头部为准。凡精子头部压在方格边线

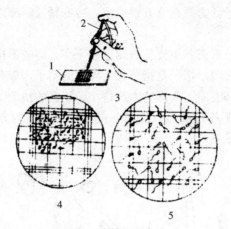

图7 计数板测定法

1.计数板 2.吸液管 3.精液滴注 4.计数顺序 5.计数法

（引自张玉《獭兔养殖大全》）

者，采取"数上不数下，数左不数右"的原则，以免遗漏或重复计数，最后求出5个中方格的精子数。⑥计算，精子密度等于5个中方格内精子数5×（换算成25个中方格内精子数）×10（计算室高为0.1毫米，面积1毫米^2，乘以10即为1毫米^{3}的精子数）×1 000（换算成1毫米精液精子数）×（稀释倍数）。

即：精子密度=5个中方格内精子数×1 000 000

注意：为了准确测定精子密度，应连续取样，测定两次，求其平均数。如两次数据差距较大，应检测3次。该方法费工费时，在生产中很难每次一一测定，故适于对种公兔定期检测。

（5）精子活力　指作直线前进运动精子占总精子数的比率，精子密度和精子活力是评定精液质量的主要指标。检查方法是在30℃左右室温条件下，取一滴精液于载玻片上，盖上盖玻片，显微镜下计算视线内呈直线前进运动的精子数占总精子数的比率。用"十级制"评定，100％精子作直线前进运动的定为1.0级。90％精子作直线前进运动的定为0.9级，以此类推。公兔新鲜精液的活力一般为0.7～0.8级，为了保证较高的受胎率，用于常温输精的精子活力要在 0.6 级以上，冷冻精液解冻之后的活力应在 0.3 以上。

（6）精子形态　主要检查畸形精子率，即畸形精子数占总精子数的比率，畸形精子是指形态、异常的精子，如有头无尾、双头双尾、尾部卷曲、头部特大或特小。正常的精液中畸形率不超过 20%。畸形率过高会直接影响受胎率，评定的方法是显微镜下进行的，见图 8。

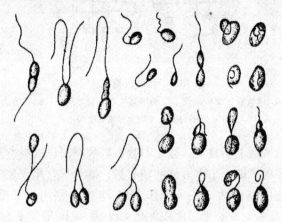

图 8　畸形精子

（引自张玉《獭兔养殖大全》）

3. 精液稀释与保存　稀释精液的目的在于增加精液量和增加配种数。同时稀释液中的某些成分具有营养和保护精子的作用，起到延长精子的存活时间，防止各种细菌的污染。现用现配的稀释液有以下几种：

（1）0.9% 的生理盐水，直接稀释。

（2）5% 的葡萄糖溶液稀释。

（3）鲜牛奶稀释　鲜牛奶加热至沸 15～20 分钟，凉至室温后用 4 层纱布过滤。

为了抗菌抑菌，可在稀释液中加入抗生素，一般每 100 毫升加入青霉素 10 万国际单位、链霉素 10 万单位。

稀释倍数及要点：稀释的倍数根据精子的密度、活力和输入母兔的数量来决定，一般稀释是2～3倍，若高倍稀释应分两次稀释，稀释的要点是掌握"三等一缓"原则，即等温（30～35℃）室温和精液温度相等（30～35℃）等渗，相同的渗透压（0.986%）等值相同的pH（pH6.4～7.8）。一缓将稀释液沿管壁缓缓注入精液，并轻轻摇匀，供输精用。

配制稀释液用品、用具，应严格消毒，抗生素在用前加，精液稀释后应再进行一次镜检测定活力如活力变化不大，可立即输精。否则要查明原因，并重新采精、稀释，为了提高人工授精的受胎率，应尽量缩短采精到输精的时间。

4. 精液的液态保存 按保存温度不同，又可分常温保存（15～25℃，一般只能保存1～2天）和低温保存（0～5℃，可保存数日）。液态保存的稀释有以下几种。

A. 糖卵黄保存液：每100毫升5%～7%葡萄糖液中加入新鲜卵黄0.8～1毫升，每100毫升加入青霉素10万国际单位、链霉素10万个单位，用消毒的玻璃棒搅匀备用。

B. 鲜奶或10%奶粉保存液：先煮沸，过滤，凉至室温，再加抗生素，每100毫升加入青霉素10万国际单位、链霉素10万个单位。

C. 奶卵黄保存液：在奶或10%的奶粉中加入新鲜卵黄。

D. 多成分保存液：三羟甲基氨基甲烷3.028克，柠檬酸钠1.676克，葡萄糖1.252克，蒸馏水85毫升，卵黄15毫升，青霉素10万国际单位、链霉素10万个单位。

保存方法：先将精液稀释，缓慢降至室温，进行分装。在每一份精液里面最好盖一层中性液状石蜡，以隔绝空气。封口后，外包1厘米厚纱布，放置于5～10℃环境中，使之在1～2小时内缓慢降温。最后存放在冰箱或放有冰块的广口瓶中，保存温度为0～5℃。在没电的条件下，可利用水井或地窖保存，外包以塑料袋防水、防潮、防尘。用水井保存时，用绳将其悬吊在离水面约30厘米处，一般可存活1～2天。

保存中注意事项：①精子对急剧降温十分敏感，因此，精液应缓缓降温。②精液保存环境，以阴暗、干燥为佳。③精液保存期间应保持恒温。

5. 输精 在输精前要对发情母兔进行排卵处理，有交配刺激和激素诱导两种方法。

交配刺激是用输精管结扎的公兔与发情母兔交配，以刺激母兔排卵，交配后 4～5 小时进行输精。

激素诱导是注射外源激素以促进母兔排卵，对已发情的母兔采取：①用绒毛膜促性腺激素（HC克）溶于生理盐水中（一般每只 0.2～1 毫升），用量 50 单位，采用耳静脉注射，注射后2～5 小时输精可得满意效果。②用促排卵素 2 号（LRH～A2）或促排卵素 3 号（LRH～A3），溶于生理盐水，按母兔的体重大小，肌内注射或静脉注射 3～7 微克。③黄体生成素，每只母兔10～20 单位，一次肌内注射。

作排卵处理后便可进行输精，输精管常用的有兔用输精管，也可用羊用输精管代替，可用玻璃注射器接一根长约 15 厘米的人用导尿管。

（1）输精时间　注射诱导排卵药物后 0～2 小时（即同时输精）而受胎率差异不明显。因此，为简化操作程序，减少捉兔次数，减少应激，提倡注射诱导排卵药物和输精同时进行为好。

（2）输精次数　二次输精的受胎率略高于一次，但差异不明显，故一次输精即可。

（3）输精的量　通常一次输精量为 0.25～1 毫升，输入精子数为 0.1 亿～0.3 亿（稀释后的精液）。

（4）精子活力　鲜精或液态短期保存的精液精子活动在 0.5 以上，冷冻精液的精子活力不低于 0.3。

（5）输精操作方法　①倒提法。由两人操作。助手一手抓住母兔耳朵及颈皮，一手抓住臀部皮肤，使之头部朝下，尾部向上。输精员左手食指和中指夹住母兔尾根并往外翻，使之外阴充分暴露，右手持输精器，缓慢将输精器插入阴道深部。②倒夹法，由一人操作。输精员坐在一高低适中的矮板凳上，使母兔头朝下，轻轻夹在两腿之间，左手提起兔的尾巴，右手持输精器输精。③仰卧法。即将母兔放在一平台上，操作者左手握紧兔耳及颈皮，使之翻过身，腹部朝上，臀部着力。右手持输精器输精。

此外，还有爬卧法，即使母兔腹部朝下输精。

（6）输精注意的问题　①输精前将母兔外阴用生理盐水棉擦净。如外阴部较脏，应先用酒精药棉消毒，再用生理盐水棉擦净。②由于母兔尿道开口在阴道的中部腹侧，故输精管先沿阴道的背部插入下行，超过尿道开口后再转向正下方。③如遇母兔努责，应暂停输精，待其安静后再输。④输精器插入深度 7～8 厘米后即可将精液输入阴道深部。在输精之前，可先后抽动输精器几次。输精深度可根据母兔大小而定。其深度不可过深，以防插入一侧子宫颈或损伤阴道壁。⑤精液输入后，左手轻捏其外阴部，右手缓慢将输精器抽出。⑥输精器要严格消毒，一根输精管只给一只母兔输精一次，用毕冲洗消毒待用。

第四节　提高獭兔繁殖力的措施

獭兔是多胎多产的草食动物，在家畜中繁殖能力最强。种母兔的繁殖力受遗传和环境因素的影响有所不同，提高繁殖力不仅要在繁殖方面采取有效的措施，而且还要在遗传育种和饲养管理方面采取综合配套措施，才能取得良好的效果。

一、加强选种

选择健康无病、性欲旺盛、母性好、生殖器官发育良好的母兔。留种仔兔最好从优良母兔的 3～5 胎中选留，乳头应在 4 对以上。产仔少、受胎率低、母性差、泌乳性能不好的母兔不能用于配种繁殖。獭兔一般最适宜的繁殖年龄范围是 1～3 岁，3 岁以上除个别优秀种兔外，其余不宜再作种用。

二、加强饲养管理

选种之后必须注意配种前后的饲养管理，要供给全价日粮，满足种兔的营养需要，以减少胚胎死亡和流产，提高种兔繁殖力。长期饲喂单一饲料或缺乏某些营养物质，或营养过度会导致种母兔过肥，都会降低其繁殖力。

管理不当，不仅会明显降低种兔的繁殖力，甚至引起严重的不育现象。日常管理中的突然声响，易引起兔群惊慌，可导致怀孕母兔流产或母兔性欲下降。

三、注意适时配种

根据保温降温设施和当地气候条件，安排好配种季节与交配时间。例如，冬季繁殖必须提供较多的青绿饲料，做好防寒保暖工作。以保证母兔体质健壮，有条件的地方一般可繁殖1~2胎。在冬季和早春控制好兔舍内的温度，是家兔正常繁殖的根本保证。实践表明，一般兔舍温度控制在10℃以上，适宜温度范围为15~25℃，以春、秋两季母兔的受胎率最高，产仔数最多。

最佳的配种时间是发情的中后期，此时母兔阴户湿润、肿大、多呈大红色，交配容易怀孕。过早、过晚配种效果都不理想。配种当天也有一个适时问题，夏季早、晚配种较好，冬季则中午配种为宜。因为此时，气温相对适宜，兔子精神较佳。

四、改进配种方法

母兔属刺激性排卵动物，是经公兔交配刺激后排卵的，所以应在第一次配种后间隔8~10小时再复配一次，即重复配种。第一次交配的目的是刺激母兔排卵，第二次交配的目的是正式受孕，这样可提高母兔受胎率和产仔数。一天之中，8：00和17：00左右配种为最佳时间。一只母兔连续与两只公兔交配，中间相隔时间不超过 20～30 分钟，这叫做双重配种。采用重复配种或双重配种，可使母兔受胎率提高 10％～20％，产仔数增加1～3 只，另外，对久不发情或拒配的母兔，可采用诱情法，即增加与公兔的接触次数，通过追逐、爬跨刺激，诱发母兔性激素分泌，提高受胎的机会。

五、提高繁殖强度

饲养管理条件较好、母兔非常健壮时，可通过频密繁殖或半频密繁殖来提高繁殖强度，生产更多的商品獭兔，以提高经济效益。这是全世界獭兔饲养者的探讨热点，频密繁殖因配种时间距分娩产仔时间较短，故这种配种俗称"血配"，国外试验母兔在产后 1.5～2 天配种，当仔兔 28 天断奶后过 3 天就又生下一窝。不过一般以为，对商品兔可以实行密集繁殖，对种用兔则不宜产仔过密。半频密繁殖是指母兔在产后 12～15 天内配种，可使繁殖间隔缩短 8～10 天，每年可增加繁殖 3～4 胎。

六、防止疾病发生

母兔的繁殖力易受疾病影响，应加强兔舍内卫生防疫措施，以杜绝传染病、普通病、寄生虫病的发生。经常做到勤打扫兔舍、勤观察兔群，搞好预防接种，如发生疾病后，病兔马上隔离治疗。死兔焚烧深埋。

第五章

獭兔的营养

獭兔的生长离不开饲料中的营养物质，营养是獭兔生存的必需要素。獭兔的科学饲养是建立在合理利用各类饲料以符合獭兔的营养需要基础上的，因此，掌握獭兔的营养知识有助于正确组织獭兔饲养，能够提高生产水平，降低饲料成本，增加经济效益。獭兔需要的营养物质包括能量、水分、蛋白质、脂肪、维生素、粗纤维和矿物质。

第一节 獭兔的能量需要

能量是獭兔一切生命活动所需要的，是獭兔的重要营养因素。因为獭兔机体的生命及生产活动，需要机体各个系统正常地相互协调地执行其各自的功能，在这些功能活动中要消耗能量。獭兔在能量利用上首先是保证体温，其次是满足必需活动与器官的运动，然后才是生产兔产品。在这些代谢过程中，能量都有一定的消耗，并以固体（粪），液体（尿、汗）或气体（甲烷）等形式排出体外。研究证明，獭兔虽然消耗足够的饲料以满足其能量需要，但是由于饲料营养物质燃烧所取得的饲料总能在兔体内转化过程中要消耗能量，仅粪能的消耗，成年兔就达60%（幼兔为10%）。因此，饲料中的能量真正可利用的净能不到40%，除了维持需要，真正可供獭兔产品生产的净能便不到总能的1/5。由此可见，在獭兔生产实践中要注意獭兔日粮的能量水平。

实践证明，如果日粮中能量不足，獭兔就会体弱消瘦，生长缓慢，生产力下降。相反，日粮中能量水平偏高，也会因脂肪沉积过多而肥胖，这对繁殖母兔来说，就会影响雌性激素的释放或机体吸收雌性激素而损害繁殖机能；对公兔来说，则会造成性欲减退、配种困难和精液品质下降。因此，控制适宜的能量水平对养好獭兔极为重要。

据试验，育成兔每增重 1 克大约需要可消化能 39.7 千焦；体重 3 千克的成年兔，每天需要可消化能 836.8 千焦。即成年兔每千克饲料中需含消化能 8 786.4～9 204.8 千焦；育成兔、妊娠母兔和哺乳母兔的饲料中，每千克需含消化能 10.46～11.3 兆焦。

能量的主要来源是饲料中的碳水化合物和脂肪。经测定，每克碳水化合物经氧化可产生热能 17.36 千焦；每克脂肪可产生热能 39.33 千焦。獭兔对大麦、小麦、燕麦、玉米等谷物饲料中的碳水化合物具有较高的消化率，对豆科饲料中的粗脂肪的消化率可达 83.6%～90.7%。

总之，能量水平与饲养效果紧密相连。在獭兔生产过程中能否经济有效地利用饲料能量，常以总效率和纯效率来衡量。总效率为产品能与食入的有效能之比。能量利用的纯效率取决于日粮的性质、獭兔对能量利用能力和给予獭兔的能量水平。凡有效能占饲料总能的比例越高，用于维持所占的比例越小，则效率越高。通过产品回收饲料中的有效能越多，则效率越大，因而也可以用饲料转化效率来衡量。在能量的转化中，净能（产品能）分为维持净能（NEm）和生产净能（NEp）。从能量利用而言，生产净能也包括维持净能，亦即利用率包括维持净能和生产净能二者的值，而转化率为实际产品获得的生产净能值。总之，能量转化率高时，纯效率也高，很显然，能量水平直接影响生产水平。能量不足会导致獭兔健康状况恶化，会使獭兔体内脂肪沉积多，体况过肥，影响繁殖力，甚至造成不育。为此，应针对不同类型、不同生长情况给予合理的能量水平，以保证獭兔健康。

第二节　獭兔的水分需要

水是獭兔体内各器官、组织和产品的必需构成成分，又是饲料消化、吸收、营养物质代谢活动所必需的。参与细胞与组织的化学作用，排泄废物、调节体温以及调节组织的渗透压等生理功能，是獭兔维持生命绝对不可缺少的物质。也是治疗疾病与发挥药效的调节剂，在正常情况下，体内水分含量占体重 70% 左右。实践证明，当体内损失水分 5% 时，獭兔严重干渴，会丧失食欲；当损失 10% 的水分时，獭兔代谢紊乱，被毛枯燥，公兔性欲减退，精液品质下降；损失 20% 水分时，即引起死亡。獭兔每天需水量为采食量干料的 2～3 倍。在饲喂颗粒饲料时，生长兔每天每只需水 300～400 毫升。獭兔每天需水量的多少受年龄、生理、季节、饲料状态的影响。一般成年兔、哺乳兔在夏季或采食颗粒料时的需水量较大，哺乳母兔的需水量比空怀母兔增加 60%～80%，夏季比其他季节增加 50%～70%。

獭兔所需水分的来源主要靠供水和青绿饲料中所含的水。一是专供的饮水，是所需水分的主要来源。大中型兔场最好选用自动饮水器供水，如采用定时饮水时，应每天供水 2～3 次；二是饲料水，特别是青绿饲料中含水量达 70%～80%，也是提供水分的主要来源之一。总之，保证獭兔充分饮水是获得高生产效果的必要条件。

第三节　獭兔的蛋白质需要

蛋白质是兔体内除了水分以外含量最多的营养物质，是一切生命活动的基础，兔体一切组织、器官、内分泌等无不以蛋白质为主要构成成分，兔体内的一切生命活动如消化、代谢、繁殖、泌乳、产毛等过程都离不开蛋白质。

蛋白质的基本单位是氨基酸，蛋白质的营养实际是氨基酸营养。现已发现的几十种氨基酸可分为两类，一类是动物体内不能合成，必须从饲料中摄取的氨基酸，称为必需氨基酸；另一类是动物可以在体内合成的氨基酸，称为非必需氨基酸。饲料中蛋白质的品质，主要由必需氨基酸的多少和比例是否适当所决定的。

兔体需要的氨基酸有 20 种，其中必需氨基酸有精氨酸、组氨酸、异亮氨酸、蛋氨酸、苯丙氨酸、苏氨酸、色氨酸、缬氨酸、亮氨酸、赖氨酸、甘氨酸（快速生长所需）等 11 种；非必需氨基酸有丙氨酸、胱氨酸、酪氨酸、天门冬氨酸、谷氨酸、脯氨酸、羟脯氨酸、丝氨酸、瓜氨酸等 9 种。所有必需氨基酸在獭兔体内都具有各自的生理功能，非必需氨基酸在獭兔营养上也是不可缺少的。

在生产实践中，獭兔的日粮中必须有足量的蛋白质，由于饲料的性质与组合以及日粮蛋白质水平在很大程度上影响着獭兔的生产力、产品质量以及獭兔寿命，所以在饲养实践中要保持适量的蛋白质水平，如果蛋白质不足则会影响獭兔的健康和生产性能的发挥，表现为生长受阻、体重减轻；公兔性欲减退，精液品质下降；母兔发情不正常，胚胎发育不良，产生死胎、弱胎等。相反，日粮食中蛋白质水平过高，不仅造成浪费，还会加重盲肠、结肠及肝脏、肾脏的负担，引起腹泻、中毒，甚至死亡。

獭兔日粮的蛋白质水平不仅要有数量，更应着重于质量。而蛋白质品质的高低于取决于组成蛋白质的氨基酸种类及数量。一般讲，动物性蛋白质优于植物性蛋白质。试验证明，用鱼、酪蛋白作蛋白源时，獭兔每日生长速度超过 40 克；而用花生、玉米面筋作蛋白源时，獭兔日增重不超过 30 克。说明獭兔日粮中粗蛋白的需要量，取决于饲料蛋白质的营养价值，而营养价值又取决于饲料蛋白的消化性和利用效率，利用效率又取决于饲料中氨基酸的种类和比例。因此，蛋白质的品质是獭兔营养中的重要问题，只有满足数量，提高质量，才会取得良好的效果。

獭兔对蛋白质的需要量：生长兔、妊娠兔、哺乳兔日粮中分别以含粗蛋白质 16%、15% 和 17% 为宜。

蛋白质的主要来源是日粮中的动物性蛋白质饲料和植物性蛋白质饲料等。一般来说，动物性蛋白质饲料粗蛋白质含量高达 50%～80%，必需氨基酸含量全面，比例适当，品质较好；植物性蛋白质饲料粗蛋白质含量 25%～45%，所含必需氨基酸不全，数量较少，品质较差。在饲养实践中，獭兔日粮蛋白质含量有的超过需要量，有的低于需要量，在生产实践中都影响着生产效率。为此，有目的地选用适口性饲料，合理组配獭兔日粮，既可促进蛋白质互补作用，改善蛋白质的营养价值，提高利用率，又满足獭兔蛋白质需要。

第四节　獭兔的脂肪需要

脂肪是提供能量和沉积体脂的营养物质之一，也是神经、肌肉、骨骼和血液的重要组成成分，贮存在肠系膜、皮下组织、肾脏周围及肌纤维之间的脂肪组织，还有保护内部器官和皮肤的作用。实践证明，日粮中脂肪含量不足会导致獭兔生长不良、体重减轻、皮炎、脱毛和公兔副性腺退化、精液品质下降等；相反，脂肪含量过高则会使饲料适口性下降，甚至引起獭兔死亡。

獭兔日粮中的脂肪含量，生长兔为 2%～3%，妊娠兔为 3%～4%，哺乳兔为 4%～5%，在獭兔日粮中含有 2%～5% 的脂肪，不仅有利于消化道中脂溶性维生素的吸收和增加被毛光泽，而且有助于提高饲料的适口性，减少粉尘，在饲料消化过程中起到润滑作用。

獭兔体内的脂肪主要由饲料中的碳水化合物转变而成，但脂肪酸中的十八碳二烯酸（亚油酸）、十八碳三烯酸（亚麻油酸）和二十碳四烯酸（花生油酸）等不饱和脂肪酸，必须由饲料供给，称为必需脂肪酸。在獭兔日粮中加入不同比例的必需脂肪酸，都能被吸收利用，而且对生长兔都有促进生长作用。

第五节　獭兔的维生素需要

维生素是一类需要量甚微的低分子有机化合物。它们既不是构成兔体的组织原料，也不提供能量，而是维持獭兔健康、生长和繁殖所必需的要素之一，大多数参与酶分子构成，发挥生物学活性物质作用。缺乏时，会导致新陈代谢紊乱，生长发育受阻，生产性能下降，甚至发病死亡。

獭兔所需要的维生素，根据其溶解性能可分为脂溶性维生素（维生素 A、维生素 D、维生素 E、维生素 K）和水溶性维生素（维生素 C 和 B 族维生素）两大类。獭兔日粮中维生素的需要量一般以国际单位（IU）或毫克、微克表示。生长兔每千克日粮应含维生素 A 580 国际单位，维生素 D 900 国际单位，维生素 E 50 毫克，维生素 K 2 毫克。

维生素 A：维生素 A 是一切动物所必需的营养物质，维生素 A 在胡萝卜、南瓜和植物绿叶中含量丰富。缺乏维生素 A 时，幼兔停止生长发育，视力减退，成年兔生殖能力下降，严重时死亡。

维生素 D：它可以促进钙和磷的吸收，有利于獭兔的骨骼生长，可以防止骨骼变软。维生素 D 在牧草、青草和植物籽实中含量丰富，兔子如能经常晒太阳就不易缺乏这种维生素。

维生素 E：它能保证动物维持正常的生理机能，缺乏时可使生殖机能不正常，公兔精子质量差、数量少，睾丸退化，母兔不妊娠，或造成流产。维生素 E 在青绿饲料、优质干草和禾本科籽实中含量比较丰富。

B 族维生素：B 族维生素缺乏时，会使獭兔发育不良，贫血，患神经炎等，此种维生素在米糠、麸皮、青绿饲料中含量丰富。因兔子有食粪性，一般不至缺乏。

獭兔体内所需维生素的主要来源：一是饲料，特别是脂溶性维生素需要从日粮中提供。二是獭兔盲肠微生物能利用食糜有机物合成部分维生素，特别是 B 族维生素。由微生物合成的维生素不仅可直接被兔体吸收利用，而且还可通过采食软粪满足其营养需要。三是獭兔皮肤在紫外光照射下能合成维生素 D，满足其对维生素 D 的部分需要。根据上述维生素来源可见，在正常饲养管理条件下，不需额外添加 B 族维生素和维生素 C，而脂溶性维生素必须根据日粮维生素含量和活性等适当添加。

第六节　獭兔的粗纤维需要

粗纤维是指植物性饲料中难消化的物质，它在维持獭兔正常消化机能、保持消化物稠度、形成硬粪及在消化运转过程中起着重要的物理作用。根据生产实践，成年兔日粮中粗纤维供给量过少，往往会引起消化紊乱，食物通过消化道时间延长，引起魏氏梭菌等消化道疾病，出现腹泻、死亡等；但日粮中粗纤维含量过高，也会引起肠道蠕动过速，食糜通过消化道速度加快，营养浓度降低，导致生产性能下降。

獭兔日粮中粗纤维的适宜量为 12%～16%。幼兔可适当低些，但不能低于 8%；成年兔可适当高些，但不能高于 20%。

獭兔日粮中粗纤维的主要来源是粗饲料。稻草、豆秸、苜蓿、洋槐、松针及紫槐树叶等是獭兔日粮中理想的粗纤维来源，适量添加不仅可促进生长、提高成活率，而且可预防肠炎，保证健康。

第七节　獭兔的矿物质需要

獭兔所需的矿物质均由饲料提供，是獭兔体组织的主要成分之一，约占成年兔体重的 5.6%。矿物质的主要功能是形成体组织和细胞，特别是骨骼的主要成分；调节血液和淋巴液渗透压，保证细胞营养；维持血液酸碱平衡、活化酶和激素等，是保证幼兔生长、维持成年兔健康和提高生产性能所不可缺少的营养物质。獭兔所需的矿物质按其含量占体重 0.01% 以上或以下分为常量元素（以%表示）和微量元素（以每千克体重＊＊毫克表示）。獭兔需要的常量元素有：钙、磷、钠、氯、钾、镁、硫等。微量元素有：铁、铜、钴、锌、锰、碘、硒、钼等。矿物质不仅要符合獭兔生理上的要求，而且应考虑獭兔生长力的提高。矿物质营养的缺乏是造成獭兔生产损失的重要原因之一，因此在生产实践中应全面考虑。生长兔日粮中各种元素的需要量：钙为0.34%，磷0.22%，钠为0.2%，氯为0.3%，钾为0.6%，镁为0.3%，硫为0.04%。

獭兔体内矿物质的主要来源是饲料，据测定，豆科牧草中含有丰富的钙，谷物籽实中含有足量的磷。所以，在正常饲养条件下均可满足钙、磷的需要量。由于植物性饲料中的钠、氯含量很低，因此必须补充食盐。据测定，獭兔的常用饲料中富含钾、镁、铁、铜、锌、钴等元素，所以，一般情况下不会发生缺乏症。

第六章

獭兔的饲料

饲料是獭兔生长、发育、繁殖和生产产品的物质基础，优良而充足的饲料是养好獭兔的根本保证，解决饲料供给与合理利用饲料是獭兔生产的重要环节，为此，在獭兔生产实践中应认真抓好獭兔的饲料。

第一节 饲料的成分

饲料中主要营养物质如下：

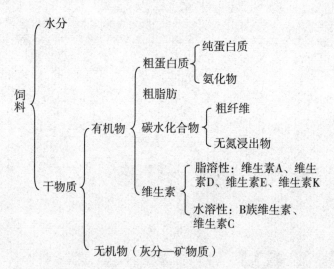

第二节　獭兔常用饲料的种类和特点

獭兔喜欢采食的饲料种类很多，个体养兔多以采食野草、野菜为主，集体养兔则以种植饲料为主，随着养兔业的不断发展，饲料生产必须向着成批、大量及全价配合的方向发展。用于饲养獭兔的饲料一般有八大类，这些饲料各有不同的成分、特性和营养价值。

一、青绿饲料

青绿饲料是一类富含叶绿素的植物性饲料，一般鲜嫩的青绿饲料除有毒植物外，都可用做獭兔的饲料，青绿饲料种类很多，包括天然牧草、栽培牧草、野草、野菜、作物的茎叶及树叶等。凡青绿色的茎叶，几乎无所不包。

这类饲料水分含量高，纤维素高，能量较低，蛋白质质量高，维生素含量丰富，矿物质较全面，适口性极佳，是家庭兔场春、夏、秋三季的主要饲料。所以，在有青饲料的季节，每天喂量可占獭兔日粮的70%，适当搭配些精饲料和少量干草即可。在喂青饲料时，要剔除有毒青饲料等。对带有露水、雨水和含水过高的青绿饲料，须经阴干或稍晒干后再喂，防止兔吃后腹泻，发生胃肠病。

被泥沙、粪沟污染的青饲料，要用高锰酸钾水浸泡消毒后再喂。堆放时间长、发霉变质后的饲料不能喂。

喂青饲料要多品种搭配，如禾本科和豆科牧草搭配，树枝叶与青草和植物茎叶等搭配喂兔，比喂单一饲料效果好。另外，还可适当喂些洋葱、大蒜、韭菜、可起到消毒、杀菌和预防一些肠道疾病的作用。以下重点介绍一些适合作为青饲料的人工牧草品种。

(一)人工牧草品种

1. 禾本科　包括多年生黑麦草、多花黑麦草、鸭茅、苏丹草、墨西哥玉米、苇状羊茅、扁穗牛鞭草等。

2. 豆科 包括光叶紫花苕、紫云英、紫花苜蓿、红三叶和白三叶等。

3. 菊科 包括菊苣、苦荬菜（小鹅草）等。

（二）人工牧草种植模式

1. 果草间作 在柑、橘、柚、桃、梨等果树下种植鸭茅、红三叶、白三叶、光叶紫花苕、多花黑麦草等牧草。

2. 水稻田种草 即水稻进入成熟期时放干水，将多花黑麦草、紫云英种子撒入田内或在水稻收割后播种牧草，施追肥，冬春收割青草。也可在水稻收获后，浅耕或划破土播种多花黑麦草，利用到翌年 5 月翻耕栽水稻。此法在南方各地均可采用。

3. 小麦预留行种草 小麦预留行可选用多花黑麦草、光叶紫花苕、菊苣、基荬菜、紫云英等。待 4 月上旬收获利用这些牧草后，接茬播种玉米、芝麻、花生或红苕等大春作物。

4. 四边地种草 包括田埂、土坡、路边、房前、房后、河滩等地，水肥条件较好，宜种植多花黑麦草、红三叶、白三叶和扁穗牛鞭草、苇状羊茅、光叶紫花苕等。

5. 25℃以上坡耕地退耕种草 采用多年生黑麦草、红三叶、白三叶、苇状羊茅、鸭茅等混播。建立多年生人工草地（刈割草地）；也可在坡台地种植一年生牧草和扁穗牛鞭草等多年生牧草。

（三）草种的主要特征特性和经济价值

牧草是牲畜最主要、最优质、最经济的饲草饲料，是发展草食牲畜的物质基础。但因牧草种类繁多，选择适宜草种和品种尤为重要。草种的选择主要依据适栽性、牧草的产量、利用时间、营养价值和獭兔对牧草的适口性等方面，但并非绝对。有的牧草（如串叶松香草）从适栽性、产量、质量等都较好，但叶面有针芒，养獭兔要差一些。经过加工后，效果明显提高。有的牧草，如紫花苜蓿、红三叶、白三叶、光叶紫花苕等，其适口性好、营养价值高，但产量较低，也不能说这些草种不好。从目前来讲，栽培牧草中，绝大部分以禾本科、豆科和菊科牧草为主。草种的主要特征特性和经济价值见表 4。

表4 草种的主要特征特性和经济价值

草种名称	生活型	主要特征特性	产草季节	产草量（千克/亩）
多花黑麦草	一年或多年疏丛型	叶线型，叶长 35～40 厘米，宽 1～1.5 厘米，喜肥喜水	冬、春、夏初	9 000～12 000
小麦草草	一年生疏丛型	叶线型，叶长 40～50 厘米，宽 2～2.5 厘米，耐热喜水喜肥	春末、夏初	8 000～10 000
鸭茅	多年生疏丛型	叶线型，叶长 17～30 厘米，宽 1～1.5 厘米，喜水肥、喜光，怕热	四季	8 000～10 000
苏丹草	一年生疏丛型	叶线型，叶长 35～55 厘米，宽 3～4 厘米，喜水肥、耐热，怕寒	夏、秋	8 500～11 000
墨西哥玉米	一年生疏丛型	叶线型，叶长 40～60 厘米，宽 3.5～4 厘米，喜水肥、喜光温，怕寒	夏、秋	12 000～15 000
苇状羊茅	多年生疏丛型	叶线型，叶长 25～35 厘米，宽 0.8～1.2 厘米，喜水肥、耐阴、耐瘠瘦	四季	3 500～8 000
扁穗牛鞭草	多年生疏丛型	叶线型，叶长 8～15 厘米，宽 0.7～0.8 厘米，喜水肥、喜光温，抗病力强	春、夏、秋	3 500～15 000
白三叶	多年生匍匐型	三叶复叶，小叶有 V 形斑，匍匐生长，喜温湿环境，不耐热	秋末、春、夏初	7 500～11 000

（续）

草种名称	生活型	主要特征特性	产草季节	产草量（千克/亩）
红三叶	多年生疏丛型	三叶复叶，直立，小叶有 V 形斑，喜水肥，充足的钙质土，不耐热	秋末、春、夏初	7 000～7 500
紫花苜蓿	多年生疏丛型	三叶复叶，直立，花为紫色，直根，喜水肥，充足的钙质土	春、夏、秋、冬初	7 000～9 000
光叶紫花苕	一年生匍匐型	奇羽状复叶，有卷须，匍匐生长，喜水肥，耐贫瘠	春、夏初	3 500～5 000
紫云英	一年生疏丛型	奇羽状复叶，花紫色，喜湿润田水，怕干旱	春末、夏初	3 000～5 000
菊苣	多年生疏丛型	叶倒卵形，齿裂或羽裂，有白色浆汁，喜水肥，耐热，耐寒	春、夏、秋	15 000～25 000
苦荬菜	一年生疏丛型	叶倒卵形，齿裂或羽裂，有白色浆，喜水肥，耐热，耐寒	春、夏、秋	8 000～10 000

＊ 亩为非法定计量单位，1 亩＝1/15 公顷。

（四）优质人工牧草栽培技术

见表 5。

播种时期的选择：牧草分为秋播和春播草种。如多年生黑麦草、多花黑麦草、三叶草、紫花苜蓿、鸭茅、光叶紫花苕、紫云英、苦荬菜、菊苣、苇状羊茅等适合秋天播种。如苏丹草、墨西哥玉米、扁穗牛鞭草等适合春播。秋播一般在 8 月中旬至 11 月上旬进行，春播一般在 3 月中旬至 5 月下旬进行。

整地方式和施肥技术：整地精细有利于出苗。施肥应深施底

肥，即在耕地前将农家肥或磷肥均匀撒在地面，翻地压于深20～30厘米土中，有利于牧草根系充分发育，吸收土内养分，对保苗、提苗、提高牧草产草量有利。追肥应及时，在每次刈割后均匀撒施，一般配以畜禽粪便、尿水施用为宜。

播种后的田间管理：

1. 盖土与镇压　播种结束后，立即用细土盖好种子，小粒种子如白三叶等盖土厚0.5厘米；中粒种子如紫花苜蓿、紫云英、苏丹草、鸭茅、黑麦草、苇状羊茅盖土厚1.0厘米；大粒种子如墨西哥玉米、光叶紫花苕等盖土厚3.0厘米。

2. 除杂草　牧草在幼苗期生长发育较慢，容易被季节性速生杂草抑制，致使其生长受阻。所以，要视杂草危害程度拔除高大遮阳争水肥较强的杂草，给牧草创造一个良好的环境。

3. 补栽　由于播种、虫害、鼠害、干旱、地形等原因造成缺苗的地段（或穴），应在雨天移走密处的苗，栽种在较稀或缺苗的地方，做到全苗。

4. 管护　幼苗期的牧草地应防止人畜践踏，不准放牧。同时，打好排洪沟渠，防止渍水为害。

表5　优质人工牧草栽培技术

草种名称	播种期	最佳播种量（千克/亩）	施底肥量（千克/亩）	每次施追肥量（千克/亩）	播种方式
多年生黑麦草	8～11月	2.0～2.5	尿素27，钾肥37.5，农家肥3 000	标氮10	撒、条、穴播皆可，行距12厘米，穴距12厘米
多花黑麦草	8～11月	2.0～2.5	尿素27，钾肥37.5，农家肥3 000	标氮10	撒、条、穴播皆可，行距12厘米，穴距12厘米

（续）

草种名称	播种期	最佳播种量（千克/亩）	施底肥量（千克/亩）	每次施追肥量（千克/亩）	播种方式
小麦草	4月中旬至5月中旬	2.5～3.0	尿素27，钾肥37.5，农家肥3000	标氮10	条、播皆可，行距20厘米
白三叶	8～10月	0.75～1.0	农家肥2000，磷肥50，钾肥20	农家肥适量	撒、条、穴播皆可，行距20厘米，穴距12厘米
红三叶	8～10月	1.5～2.0	农家肥2000，磷肥50，钾肥20	农家肥适量	条、穴播皆可，行距30厘米，穴距20厘米
紫花苜蓿	9月，3～4月	2.5～3.0	农家肥2000，磷肥50，钾肥20	农家肥适量	撒、条、播，行距30厘米，穴距20厘米
鸭茅	9月，3～4月	2.0～2.5	鲜种茎300～370	标氮6	条、穴播，行距30厘米，穴距20厘米
扁穗牛鞭草	4～9月	鲜种茎300～370	尿素27，钾肥37.5，农家肥3000	标氮13	压茎栽，行距40厘米，株距3～5厘米
光叶紫花苕	8～10月	5.0～5.5	农家肥2000，磷肥50，钾肥20	农家肥适量	撒、条播
紫云英	8～11月	2.5～3.0	农家肥2000，磷肥60，钾肥10	农家肥适量	撒播

（续）

草种名称	播种期	最佳播种量（千克/亩）	施底肥量（千克/亩）	每次施追肥量（千克/亩）	播种方式
菊苣	3～4月，7～10月	1.0～1.5	尿素 27，钾肥 37.5，农家肥 3000	标氮 10	条、穴播皆可，行距 30 厘米，穴距 25 厘米
苦荬菜	4～9月	1.0～1.5	尿素 27，钾肥 37.5，农家肥 3000	标氮 8	条、穴播，行距 30 厘米，穴距 20 厘米
苏丹草	3～4月	2.0～2.5	尿素 27，钾肥 37.5，农家肥 3000	农家肥适量	撒、条、播，行距 40 厘米
墨西哥玉米	4～5月	2.0～2.5	尿素 27，钾肥 37.5，农家肥 3000	农家肥适量	穴播，行距 40 厘米，穴距 20 厘米
苇状羊茅	3～10月	3.0～3.5	尿素 27，钾肥 37.5，农家肥 3000	标氮 5	撒、条、穴播，行距 30 厘米，穴距 20 厘米

（五）人工种植牧草的收贮技术与利用

1. 人工牧草的收获技术 最适时刈割，可获得高产、优质的饲草。刈割不仅是一次产品收获，也是一项田间管理措施。因此，刈割时间是否得当，留茬高度是否合适，都对牧草的生长和产量产生直接影响。刈割过早，虽然草质量好，但产量低。延迟刈割不仅降低饲草质量，也影响生长季节的刈割次数。因此，在最适时的刈割时期，应把产量和质量两者结合。从根茎腋芽发出新枝的牧草留茬在 10～15 厘米，而从茎枝腋芽发出新枝的留茬高度在 15～30 厘米。几种牧草刈割参数见（表6）。

表 6　几种牧草刈割参数

草种名称	刈割时草层高度（厘米）	留茬高度（厘米）	刈割次数（次/年）
多花黑麦草	40～45	3～5	4～7
光叶紫花苕	30～50	10～15	2～3
红三叶	30～40	5～10	3～5
白三叶	30～40	5～10	3～4
紫花苜蓿	60～70	5～10	3～4
紫云英	30～50	10～15	3～4
菊苣	40～45	2～3	2～3
苦荬菜	30～50	5～10	4～6
鸭茅	30～40	5～8	5～6
苏丹草	30～40	20～30	5～6
扁穗牛鞭草	30～40	5～10	7～8
苇状羊茅	30～80	20～30	2
墨西哥玉米	130～150	10～20	5～6

2. 青干草调制　优质青干草是指收割适当，含叶量丰富，绿色并带有特殊的干草香味，不混杂有毒有害物质，所含水分一般在 10%～15%。青干草营养丰富，见表 7。晒制于秋季，晴天将青草刈割以后，在原地或另选一地势高处将青草摊开暴晒，每隔数小时适当翻动，以加速水分蒸发。一般早上刈割，到傍晚叶片已经凋萎。估计水分已降低到 30% 左右时，就可把青干草堆积成约 1 米的小堆，任其在小堆内风干。另外，在多雨或逢阴雨季节晒草，最好采用架上晒草法。在架上晒青草，要堆放成圆锥形或屋脊形，要堆得蓬松，厚度不超过 70 厘米，离地面 20～30厘米，堆中应留空道，以利于空气流通。外层要平整，有一定倾斜度，以利于排水。架上干燥时间为 1～3 周。

3. 人工种植牧草的收贮技术与利用　对于养獭兔，一是可将优质牧草进行直接饲喂，补添适量配合精料，可解决季节性缺草的矛盾；二是将青草晒成青干草贮备到冬春缺草季节饲喂；三是将青干草加工成草粉，生产草粉全价颗粒料或草粉配合颗粒料。

表 7　几种主要牧草营养成分

草种名称	物候期	饲料干物质中含（%）						
		粗蛋白	粗脂肪	粗纤维	无氮浸出物	粗灰分	钙	磷
多花黑麦草	叶丛期	18.6	3.8	21.2	48.3	14.8	0.62	0.19
菊苣	营养生长期	20～23	5.3	9.9	35～42	12.3	1.31	0.53
红三叶	初花期	20.4	5	16.1	49.7	8.8	1.29	0.33
白三叶	初花期	28.7	3.4	15.7	40.4	11.8	1.72	0.34
苇状羊茅	乳熟期	10.10	1.7	34.9	46.6	6.7	0.22	0.28
紫云英	初花期	28.4	5.07	13.0	45.1	8.4		
光叶紫花苕	盛花期	23.3	5.02	27.9	32.54	9.17	0.94	0.47
鸭茅	营养生长期	18.4	5	23.4	41.8	11.4	0.63	0.24
苏丹草	抽穗期	15.3	2.8	25.9	47.2	8.8	0.92	0.22
墨西哥玉米	初花期	9.5	2.6	27.3	51.6	9.0		
扁穗牛鞭草	孕穗期	10.82	1.91	31.19	47.63	7.0	0.45	0.26
苦荬菜	花期	21.06	5.43	6.35	43.85	0.29	0.06	0.28

二、粗饲料

粗饲料是指按干物质计算，粗纤维含量在 18% 以上的一类饲料，主要包括青干草、秸秆和荚壳类等。

1. 青干草 青干草是天然或人工栽培牧草刈割后经晒干制成的饲草，包括禾本科、豆科及其他科青干草。优质青干草颜色淡绿，气味芳香，适口性好，制成干草粉是用作生产兔用颗粒饲料的优质原料。

青干草的营养价值主要取决于原料作物的种类、生长阶段和调制技术。禾本科干草蛋白质含量较低，但维生素含量丰富；豆科干草的特点是蛋白质含量较高，含钙量丰富，饲用价值较高。青干草作为农村家庭养兔的主要粗饲料，一般可占日粮的30%～40%。

2. 秸秆 农作物秸秆主要是指稻草、豆秸和玉米秸等。这类饲料的主要特点是粗纤维含量较高、适口性差、消化率低，但来源广、数量大、价格低，是獭兔配合饲料中不可缺少的原料之一。

作物秸秆的营养价值因种类不同，差异很大。稻草是我国南方农区家庭养兔的主要粗饲料之一，每千克稻草粉含消化能3 390.8千焦，粗蛋白质3%～5%，粗脂肪1%，粗纤维26%～28%，粗灰分14%～15%，钙0.28%，磷0.08%。

3. 荚壳类 荚壳类饲料主要指豆荚、谷壳、葵花盘等。这类饲料主要特点是粗纤维含量较高，但营养成分高于同类作物秸秆，且来源广、数量大、值得开发利用。最好经粉碎后与其他精料混合制成颗粒料饲喂。

荚壳类饲料的营养价值以豆荚类最佳，含粗蛋白质5%～8%，粗脂肪1%～2%，粗纤维28%～35%；谷壳类的营养价值仅次于豆荚；葵花盘尚待开发利用，粉碎后是饲喂獭兔的好饲料，含粗蛋白质10%～15%，粗脂肪3%～4%，粗纤维20%，在獭兔日粮中用量可占15%～20%。

三、多汁饲料

多汁饲料种类很多，包括块根、块茎、瓜类、青贮饲料等。其特点是水分含量高（75%～95%），含粗纤维少（2.6%～

3.24%)。无氮浸出物含量高（占干物质的 67.5%～88.1%），但蛋白质、矿物质和 B 族维生素含量少，是獭兔冬季重要的饲料。

利用多汁饲料时，要注意与粗饲料搭配喂给，不要单一喂兔。否则，由于淀粉及水分含量高而引起消化不良，一般应与含蛋白质、粗纤维量高的饲料混合喂给。

多汁饲料应洗净切碎后再喂兔，有黑斑病的甘薯及发霉变质后的饲料不能喂兔。发绿、生芽的马铃薯不能喂兔，以防龙葵素中毒。变质的萝卜必须削掉被污染变质部分后才能喂兔。

喂青贮饲料时，应与一定数量的混合精饲料和干草搭配，不能只喂青贮。

四、能量饲料

能量饲料是指干物质中粗纤维含量在 18%以下，含消化能 10.46 兆焦以上的饲料，主要包括玉米、大麦、稻谷、米糠和麦麸等。

1. 玉米　玉米是能量饲料中用量最多的一种饲料。其主要特点是含能量高，粗纤维少，适口性好，不饱和脂肪酸含量较高，但必需氨基酸不足（缺少赖氨酸、蛋氨酸和色氨酸），且在粉碎状态下贮存容易酸败变质，故应保持干燥，以贮存原粮为好，用时粉碎。

据测定，每千克玉米含消化能 16.05 兆焦，粗蛋白质 8.9%，粗脂肪 4.4%，粗纤维 1.3%，钙 0.13%，磷 0.39%。在獭兔日粮中，玉米的用量为 20%～40%。

2. 大麦　大麦不仅是一种重要的能量饲料，且种粒可发芽，是良好的维生素补充料。大麦生长期短，分蘖力强，适应性广，再生力强，可刈割青饲。大麦含 B 族维生素丰富，适口性好，价格便宜，是饲喂獭兔的良好能量饲料。

据测定，每千克大麦含消化能 14.04 兆焦，粗蛋白质 10.2%，粗脂肪 2.1%，粗纤维 4%，钙 0.1%，磷 0.46%。喂量一般可占日粮的 15%～30%。

3. 稻谷　稻谷是南方各地农家养兔的重要能量饲料之一。未脱壳的稻谷含粗纤维高，消化能低；脱壳后的糙米则粗纤维含量较低，消化能提高，但粗蛋白质及赖氨酸、蛋氨酸含量低于其他谷类籽实。

据测定，每千克稻谷含消化能 11.62 兆焦，粗蛋白质 7.7%，粗脂肪 1.8%，粗纤维 11.4%，钙 0.14%，磷 0.28%。在日粮中的用量一般为 10%～20%。

4. 米糠　新鲜米糠适口性较好，蛋白质含量较高，粗纤维含量较低，含磷量较高，含钙量较低，但这些磷多与植物结合为植酸磷，獭兔的利用率较低。米糠的饲用价值，通常与稻米精制程度有关，精制程度越高，则饲用价值越高。

据测定，每千克米糠含消化能 13.61 兆焦，粗蛋白质 11.6%，粗脂肪 14.12%，粗纤维 6.4%，钙 0.06%，磷 1.58%。在日粮中的用量一般为 15%～20%。

5. 麦麸　麦麸包括小麦麸和大麦麸，具有质地蓬松，适口性好，蛋白质、矿物质和 B 族维生素含量较高，且来源广，数量多，价格较低。但麦麸吸水性强，易发霉腐败，保存时应注意通风。麦麸具有一定的轻泻性，在獭兔日粮中用量不宜过多。

据测定，每千克麦麸含消化能 10.87～11.26 兆焦，粗蛋白质 13.5%～15.4%，粗脂肪 4.03%～4.18%，粗纤维 5.1%～10.14%，钙 0.21%～0.33%，磷 0.48%～1.09%。在日粮中的用量为 10%～15%。

五、蛋白质饲料

蛋白质饲料是指干物质中粗纤维低于 18%、粗蛋白质含量等于或大于 20% 的豆类、饼粕类、动物性饲料及其他类饲料。这类饲料一般都为植物性饲料中的豆科籽实及其加工副产品和动物性饲料及其加工副产品，还有单细胞蛋白饲料的酵母、微型藻、非病原细菌和真菌等。

1. 豆饼（粕） 豆饼和豆粕是獭兔的主要植物性蛋白质饲料，蛋白质含量较高，氨基酸平衡，适口性很好。豆粕中含有一些有毒成分，100℃蒸气加热半小时，可将有毒物质破坏。

据测定，每千克豆饼或豆粕含消化能 13.54～14.24 兆焦，粗蛋白质 42.3%～45.6%，粗脂肪 5.1%～5.8%，粗纤维 3.6%～5.9%，钙 0.28%～0.36%，磷 0.47%～0.63%。因为价格较高，在獭兔日粮中的用量仅为 5%～10%。

2. 菜籽饼 菜籽饼是我国最常用的饼类蛋白质饲料之一。蛋白质含量较高，但与其他饼类饲料相比，略带辛辣味，适口性较差，大量饲喂养时可引起腹泻、甲状腺肿大和泌尿系统炎症等，但经热处理后的菜籽饼，仍能获得良好的饲喂养效果。

据测定，每千克菜籽饼含消化能 13.33 兆焦，粗蛋白质 35.9%，粗脂肪 4.7%，粗纤维 11%，钙 0.76%，磷 0.88%。在獭兔日粮中用量 5%～8%，对饲料消耗和日增重均无不良影响。

3. 棉籽饼 棉籽饼来源广，数量大，价格低，是獭兔的主要蛋白质饲料来源之一。但喂兔效果低于豆饼和菜籽饼，且棉籽饼中含有棉酚等有毒成分，可引起心、肝、肺等组织的损伤。据报道，在蒸料锅上喷入一定剂量的硫酸亚铁溶液，使游离棉酚含量减少至 0.02%～0.04%，仍能获得良好的饲喂效果。

据测定，每千克棉籽饼含消化能 13.52 兆焦，粗蛋白质 32.3%，粗脂肪 5.9%，粗纤维 12.5%，钙 0.36%，磷 0.81%。一般情况下，獭兔日粮中加入 8%以下的棉籽饼不会引起中毒，若饲喂养过量或过长时间，则应进行脱毒处理。

4. 鱼粉 鱼粉不仅含有较多的必需氨基酸，尤其是赖氨酸、蛋氨酸、色氨酸含量丰富，而且含有较多的维生素及矿物质，所以常用于调整和补充某些必需氨基酸。但因价格较高，而且有特殊的鱼腥味，适口性差，故在獭兔日粮中用量很少。

鱼粉的营养价值因原料来源及加工方法不同，差异很大一般每千克含消化能 14.5～15.8 兆焦，粗蛋白质 53.6%～58.5%，

粗脂肪 $9.5\%\sim12.6\%$，钙 $3.1\%\sim3.9\%$，磷 $1.2\%\sim3.2\%$。在獭兔日粮中，以控制在 3% 左右为宜。为保证鱼粉的质量，对每批鱼粉均需进行水分、盐分、灰分、脂肪、蛋白质及尿素等项目的检测。

5. 饲料酵母 饲料酵母含有丰富的蛋白质、维生素、脂肪、矿物质等獭兔生长发育所需的营养物质，是有待开发的优质蛋白质补充饲料之一。

据测定，优质饲料酵母每千克含消化能 13.68 兆焦，粗蛋白质 $40\%\sim50\%$，粗脂肪 $1.6\%\sim2.1\%$，钙 2.2%，磷 2.9%。其营养价值接近鱼粉。在獭兔日粮中用量 $2\%\sim5\%$。

六、矿物质饲料

在獭兔日粮中的用量一般很少，但对獭兔的正常生长、繁殖、产品质量作用很大，是獭兔日粮中不可缺少的营养物质。

1. 食盐 食盐是钠和氯的重要来源，具有增进獭兔食欲、促进营养物质的消化吸收和维持体液平衡等重要作用。由于大多数植物性饲料中的钠、氯含量不足，不能满足獭兔的需要，必须加喂食盐。用量一般占风干日粮的 $0.3\%\sim0.5\%$。用法将粗制食盐粉碎后混入配合饲料中即可；家庭小型兔场，可将食盐溶于饮水中或用盐水拌料。

2. 骨粉 一般蒸煮骨粉含钙 $24.5\%\sim32.6\%$、磷 $10.8\%\sim14.9\%$、粗蛋白质 7.5%、粗脂肪 1.2%，喂量可占日粮的 $2\%\sim3\%$。家庭养兔用的骨粉可以自制，通常可将人用后的畜禽骨骼高压蒸煮 $1\sim1.5$ 小时，使骨骼软化，敲碎晒干后即可喂兔。

3. 石粉 石粉是一种天然的碳酸钙，含钙量高达 35% 以上。来源广泛，价格便宜，很多山区的石灰厂下脚料过筛后即可利用，是獭兔日粮中最经济实惠的补钙饲料。但不是所有山石均可用作补钙饲料，需经化验合格后才能应用。合格石粉一般用量为日粮的 $1\%\sim3\%$。

七、维生素饲料

指工业合成或提取纯的单一维生素或复合维生素，不包括某种维生素含量较多的饲料，这类饲料的特点是含有丰富的维生素，它是用来补充饲料中维生素不足的饲料。在獭兔生产中，常以添加剂形式满足对维生素的需要。

八、饲料添加剂

这是为满足獭兔的营养需要，完善獭兔日粮的全价性，在日粮中添加的一些氨基酸、维生素、矿物元素和药物等。这种补添成分称为添加剂。主要介绍以下几种饲料添加剂。

（一）氨基酸添加剂

1. 赖氨酸　赖氨酸为碱性氨基酸。在合成脑神经、生殖细胞等细胞核蛋白质及血红蛋白时具有重要作用。生长期的獭兔对缺乏赖氨酸的反应极为敏感，缺乏后往往会引起生长停滞，氮平衡失调，逐渐消瘦，骨骼钙化失常等。在以谷物饲料为主的獭兔日粮中，赖氨酸是最易缺乏的必需氨基酸之一。按獭兔营养需要，日粮中赖氨酸的需要量为 0.6%～0.8%。

2. 蛋氨酸　蛋氨酸是必需氨基酸中最重要的含硫氨基酸。参与者体内甲基的转移，肾上腺素、胆碱、肌酸的合成，肝内脂肪的磷脂代谢也需要蛋氨酸，在体内还可形成胱氨酸。缺乏时往往会引起不良反应，体重减轻，肌肉萎缩，被毛变质，产毛量下降等。按獭兔营养需要，日粮中蛋氨酸的需要量为 0.6%～0.7%。

3. 色氨酸　色氨酸是维持獭兔正常生命活动和生产性能的必需氨基酸之一。参与血浆蛋白质的更新，并有促进核黄素发挥的作用，有助于烟酸、血红素合成等功能。另外，色氨酸还有增加獭兔体内 r-球蛋白含量、增加抗体的作用。缺乏时往往会引起生长停滞，体重下降，公兔睾丸萎缩，母兔繁殖力下降。按营养需要，日粮中色氨酸的需要量为 0.18%～0.22%。

　　根据生产实践，氨基酸的添加量对配合饲料的效果及成本均有很大影响。在决定添加量时，应直接测定饲料中的氨基酸含量或查阅饲料营养成分表后，按饲料标准求得两者差额，再予添加，以免浪费损失。

（二）矿物质元素添加剂

　　矿物质元素添加剂又称矿补剂，其主要作用是补充獭兔日粮中某些矿物质元素的不足（尤其是微量元素的不足），以维持獭兔的生理和生产需要。在生产中常用的矿物质元素添加剂多由矿物质元素的盐类和载体制成（表8）。使用矿补剂时，首先应弄清配合饲料中各种矿物质元素的盈缺情况，盲目添加反而有害无益。此外，在配合饲料中因矿物质添加剂的用量很少，每吨饲料中仅加入几克，故必须搅拌均匀。

表8　常用矿物质物质元素添加剂

添加元素	常用矿物质盐类名称	元素含量（%）
铁	硫酸亚铁	20.1
	硫酸铁	36.7
	碳酸铁	41.7
铜	硫酸铜	25.5
	碳酸铜	53.2
	氧化铜	80.0
锌	硫酸锌	22.7
	碳酸锌	52.1
	氧化锌	80.3
碘	碘化钾	76.4
	碘化钙	60.0
	碘酸钾	60.0
钴	硫酸钴	24.8
	碳酸钴	49.5

（续）

添加元素	常用矿物质盐类名称	元素含量（%）
硒	硒酸钠	21.4
	亚硒酸钠	30.0

（三）维生素添加剂

1. 维生素 A 维生素 A 为黄色结晶体，在光照、空气中极易氧化破坏。维生素 A 具有维持上皮组织和神经组织的正常功能，缺乏时会影响獭兔的正常生长发育和繁殖功能，降低抗感染能力，增加眼病和呼吸道疾病的发病率。在免疫接种、某些病原菌感染或球虫病期，补充适量维生素 A 对增强獭兔的抗病力和病后恢复及抗体产生水平均有良好效果。

2. 维生素 E 维生素 E 为无色晶体，在光照、空气中极易氧化破坏。维生素 E 具有维持正常繁殖机能和维持肌肉及外周血管系统的正常功能，增强免疫反应和与硒有协同作用等。缺乏时会引起生殖器官萎缩、衰退，机能失调而影响繁殖力。在种兔日粮中添加高水平维生素 E，能明显提高产仔数和断奶育成数；当兔群感染肝球虫病时，添加高水平维生素 E 疗效显著。

3. 维生素 D 维生素 D 为无色晶体，不易氧化，但与碳酸钙混合极易受破坏。维生素 D 的主要功能是促进小肠对钙、磷的吸收，预防佝偻病与软骨症，由于獭兔多以舍饲、笼养为主，照射阳光机会不多，不可能通过紫外线的照射而合成维生素 D，极易引起缺乏症。特别是高产、生长旺期的兔子。缺乏时常会导致骨骼中钙、磷沉积能力下降。

在实际生产中，维生素添加剂的配合形式多采用多维添加剂。因日粮中添加量很少，必须经扩大预配后再行添加，以免混合不匀，造成浪费，达不到添加的目的。

（四）生长促进剂

生长促进剂的主要作用是促进獭兔生长，防治疾病、增进健康，提高饲料利用率。在生产中常用的有杆菌肽锌、土霉素、喹乙醇和泰乐霉素等，见表9。

表9 常用生长促进剂及其作用

添加剂名称	添加剂量（克/吨）	日增重	饲料利用率	抗腹泻	抗球虫病
杆菌肽锌	50	++	+	+	±
土霉素	20	+	++	+	+
喹乙醇	30	++	+	+	±
泰乐霉素	10～15	+	+	+	±

第三节 兔用饲料加工和选择

一、饲料加工调制的注意事项

（1）割来的青饲料要摊开晾，防止堆积发热、发黄而损失养分。

（2）露水草或被雨水淋湿的青饲料，要沥干或晾干后再喂，以防兔食后膨胀或腹泻。

（3）发霉、腐烂的青饲料或多汁饲料不能用来喂兔，兔吃后可中毒、得胃肠炎，严重时致死。

（4）对喷洒过农药的杂草不能立即收割喂兔，必须隔一段时间，等药效消失后再采集，或喂前清洗后晾干，以防农药中毒。

（5）晒制干草应在伏天割取，随割随晒干随贮藏，以免发霉变质，并可保持绿色和香味。

（6）水生饲料易带寄生虫卵，采集后需经太阳暴晒后再利用，以防感染寄生虫病。

二、饲料加工调制的方法

獭兔的饲料，要按獭兔的消化特点和饲料特性进行合理的调制，饲料加工和调制的主要作用，在于提高饲料的适口性和利用率，扩大饲料来源，提高营养价值，大体有三种方法。

（一）物理调制法

清洗、去杂、晾干、切短、粉碎、蒸煮、焙炒等，都属于物理调制方法。一切饲料都应去杂、去污，有些饲料还要洗净、晾干后才能饲喂。干草、豆秸、玉米秸最好适当切短后再喂；谷实类饲料，如玉米、稻谷等最好粉碎成粒状或粉状再喂；豆类饲料均应蒸煮或焙炒后才能喂兔，以破坏这类饲料中的抗胰蛋白酶等不良因子的作用，提高饲料的利用率。

为解决冬春季节青饲料缺乏的问题，可将大麦、稻谷、玉米等谷物饲料发芽后饲喂，以提高饲料的营养价值。发芽饲料的制作方法：可先将发芽用籽实饲料置于 45～55℃ 的温水中浸泡32～36 小时，捞出后平摊在草席上，厚度以 5～8 厘米为宜，上盖塑料薄膜，维持 23～25℃ 温度环境，每天用 35℃ 温水喷洒 3～5 次，5～7 天即可发芽，一般以芽长 5～8 厘米时喂兔效果最好。

（二）化学调制法

应用酸、碱等化学制剂对秸秆等粗饲料进行化学处理，目的是破坏秸秆饲料中的木质素，改善适口性，提高消化率。

1. 碱化处理　可将秸秆（稻草、麦秸）等粗饲料切碎后放入缸或水泥池内，用 1%～2% 石灰水浸泡 1～2 天，捞出后用清水洗净，晾干后即可喂兔。在獭兔日粮中，碱化秸秆饲料的用量一般为 0.5%～15%。秸秆类粗饲料经碱化处理后，纤维素松软，适口性较好，可使粗纤维消化率提高 15%～20%。

2. 氨化处理　可将切碎后的秸秆饲料放入窖或缸内，氨源可用尿素、碳铵、氨水或液氨，用量以干秸秆计算，尿素 5%，碳铵 10%，氨水 10%～12%，液氨 3%。装窖时应注意一边装草，一边喷水，一边撒尿素或碳铵，拌匀后踩实，最后用塑料薄膜盖封严。氨化时间：冬春季节为 4～6 周，夏秋季为 1～2 周，开窖后应通风 12～24 小时，等氨味消失后即可喂兔。优质氨化饲料呈糊香或微酸味，适口性好，可使粗纤维消化率提高

10%～20%。

（三）颗粒饲料加工

颗粒饲料，是将按饲养标准配合的粉状料经颗粒饲料机压制成一定规格的圆柱状颗粒。其加工方法、应用效果、贮存保管如下：

1. 加工方法 颗粒饲料的质量，除配方、设备等因素外，直接受原料、粉碎、称量、混合、压制及贮存等因素的影响。

（1）原料选择 原料是加工优质颗粒饲料的基础。要以科学配方为依据，要求原料的含水量不能超过安全贮存水分；杂质含量不能超过2%，无霉变；汞、铅、砷等有毒物含量应在允许范围之内，绝对不能超标。

（2）原料粉碎 原料经粉碎后扩大了表面积，可明显提高饲料的消化利用率。玉米、麦类、稻谷、饼粕等原料粉碎时，粉碎机的筛板孔径以1.5～2毫米为宜。

（3）称量配合 必须严格按设计好的饲料配方称配料，采用校准好的磅秤或杆秤等逐一称取各种原料，切忌用畚箕、箩筐等农具随意估量。

（4）原料混合 为了使原料混合均匀，最好采用混合机混合。没有混合机时，可先将配比大的饲料放在水泥地上，再将配比小的饲料放在量大的饲料上，用铁锹、锄头等作初步拌和，然后用谷筛或铁筛等工具边筛边混，过筛3～5次，等饲料色泽分布均匀为止。

（5）颗粒压制 目前常用的颗粒压制机有两种：一种是风干粉料加适量水分（10%左右），均匀拌和后通过颗粒压制机压制成颗粒状；另一种是风干粉拌料通过颗粒压制机直接压成颗粒状。在颗粒形成过程中，温度高达95～105℃，能产生以下良好效果。一是能使饲料淀粉等发生一定程度的熟化作用，产生较浓的香味，提高饲料的适口性。二是能使谷物、豆饼和大豆中的胰蛋白酶抑制因子等发生变性作用，减少对消化的不良影响。三是能杀灭各种寄生虫卵和其他病原微生物，减少各种寄生虫及其他消化道疾病。

（6）成品规格　优质颗粒饲料，感官指标应色泽一致，无发霉、变质、结块及异味；水分含量，北方不高于 14％，南方不高于 12.5％；颗粒大小、长度应控制在 10～15 毫米，直径在 3～5 毫米。

2. 应用效果　采用颗粒饲料喂兔是獭兔饲养业的一大技术进步。据一般獭兔养殖场和专业户兔场的饲养实践和观察，采用颗粒饲料并充分供给饮水的饲养方法的主要优点包括以下几方面。

（1）营养全面　颗粒饲料系由多种原料科学配合而成，各种营养成分互相补充，能满足獭兔不同生理阶段的生长、发育、繁殖、泌乳等的营养需要。

（2）饲喂方便　颗粒饲料的颗粒大小均匀、干燥，便于控制喂量，节省人工，而且干净卫生，有利于防病，可减少獭兔因喂饲不当而引起的各种消化道疾病。

（3）适口性好　颗粒饲料因有特殊的浓香味，且颗粒质地坚硬，符合獭兔的啮齿生物学特性，所以獭兔对颗粒饲料具有特殊的嗜好。

（4）利用率高　颗粒饲料混合均匀，可防止獭兔挑食，减少饲料浪费，且因高温熟化，饲料中的胰蛋白酶抑制因子、致甲状腺肿物质等发生变性，提高了饲料的利用率。

（5）贮存方便　颗粒饲料密度高、体积小、含水分低，不易霉变、虫蛀，便于运输、贮存，可提高饲料仓库的利用率。

3. 贮存保管　应根据各地具体情况而定，为减少饲料的霉变损失，且能在较长时间内调节使用，颗粒饲料在贮存保管期间应做好以下几项工作。

（1）控制含水量　降低、控制颗粒饲料中的含水量是安全贮存的关键。在颗粒饲料加工过程中应严格控制水分含量，颗粒饲料出机后要及时冷却，蒸发水分。必要时可在烈日下摊晒，使水分含量降至 12.5％以下。

（2）添加防霉剂　雨季加工的颗粒饲料必须添加防霉剂，以抑制霉菌及其他微生物生长繁殖，减少霉菌毒素污染。目前最常用的防霉剂有丙酸钠、丙酸钙和胱氨醋酸钠等，用量可根据保存期长短、含水量高低酌情添加。防霉剂应在粉料搅拌时添加，方可取得良好效果。

（3）贮存室干燥　贮存颗粒饲料的环境应通风、干燥，盛器应干净、无毒，最好用双层塑料袋（外层用编织袋，内层用塑料薄膜袋）包装。如贮存期较长，饲料不应直接放置在地面上，底层最好能用木条垫起，以防饲料回潮霉变。

（4）缩短贮存期　饲料加工后应立即喂兔，尽可能缩短饲料的贮存期，以减少营养损失和霉菌生长。据生产实践证明，随着饲料存放时间的延长，维生素、抗生素的效力会明显下降，饲料吸湿，微生物生长快，容易引起发霉变质。

（5）防止虫害、鼠害　在实际生产中，严重的虫害与鼠害，不仅会吃掉大批饲料，还可能引起饲料的污染变质，特别是鼠害，还有传播病菌的危险。建造仓库时应注意选用能防虫害、鼠害的材料，以防为主，必要时也可使用药剂杀鼠。

三、兔用饲料的选择原则

饲料既是獭兔营养物质的提供者，又是獭兔疾病传播的媒介。在生产实践中，獭兔体况体质的变化及疾病的传播都与獭兔饲料有着密切关系，所以用于獭兔的饲料应该进行选择。獭兔饲料选择应坚持的原则包括以下几点。

（一）根据獭兔的营养需要选择饲料

獭兔营养需要因类型、生理阶段的不同而有差异，因而构成了獭兔营养需要有其全面性、阶段性和类型上的区别性的特点。獭兔需要的营养物质来源于饲料，只有饲喂营养物质的种类、数量、比例都能满足獭兔营养需要的日粮才能促进獭兔健康和高产。实践证明，营养单一的日粮，容易引起獭兔患病；营养全面的日粮，獭兔健康和高产。所以选用营养丰富、适口性好、新

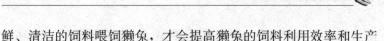

鲜、清洁的饲料喂饲獭兔，才会提高獭兔的饲料利用效率和生产效益。

(二) 根据獭兔的消化特点选用饲料

獭兔是单胃室的食草动物，所以饲养獭兔应以植物性饲草为主，这是饲养草食獭兔的基本原则。獭兔从饲料中摄取营养物质必须经过采食、消化、吸收三个过程，这些过程又必须依靠獭兔本身的消化器官的功能作用来实现。主要结构特点是口唇薄，上唇正中线有纵裂，形成豁嘴（兔唇），因而门齿外露，舌短而厚，舌肌十分发达，具有发达的门齿，无犬齿，臼齿咀嚼面宽阔，具横嵴，适于研磨草料。兔齿独特之处还在于上颌具有双门齿（前排一对大门齿，后排一对小门齿），形成特殊的双门齿型，有利于獭兔的采食。但是獭兔是啮齿动物，它的牙齿不断地生长，因而需要不断地咀嚼，所以给獭兔的饲料要有一定的硬度。獭兔味蕾感觉器发达，多达 17 000 个，且集中在舌尖，因而对更多味觉刺激发生行为反应，对饲料具有严格的选择性，所以给獭兔的饲料要有适口性。獭兔的消化道壁薄，尤其是回肠壁更薄，具有通透性，而且獭兔的微生物消化在盲肠，多作用在不被消化的剩余物上，这就构成了獭兔消化利用饲料营养物质的难度，尤其是幼兔的消化道壁更薄，通透性更强，加上獭兔消化道的大小分化，如始于 3 周龄完成于 6 周龄，21 日龄的仔兔其淀粉酶和脂肪酶的合成量仅为 32 日龄獭兔的 12%，故早期断奶的幼兔是不能很好利用碳水化合物和脂肪，这可能是早期发生下痢的原因之一。与其他家畜相比，獭兔容易患由饲料选用不当而引起的消化道疾病。所以，应根据獭兔的特点，选用易消化吸收的饲料。采用难消化的饲料喂獭兔或幼兔，容易引起消化不良、腹泻死亡。

(三) 根据饲料特性选用饲料

目前我国饲养獭兔是以天然青绿饲料为主。同一种植物体的不同生长阶段所含的营养物质也不相同。一般幼嫩的青料，水分含量多、干物质含量少。干物质中蛋白质、胡萝卜素含量较高。

随着植物生长阶段的渐进，水分渐减，干物质渐增，直到结果后，植物体枯黄，其中干物质虽高，但可消化营养物质却大减，难消化的粗纤维却增多。因此，用于獭兔的青料以幼嫩时期为好。总之，应注意兔用饲料的营养性、消化性、适口性，才能促进饲料的转化率，提高饲料的利用效果。

四、饲料的防霉

防止饲料发霉，可采取以下措施：一是每吨饲料添加防霉剂丙酸钠1千克；二是每千克饲料添加龙胆紫防霉剂0.5克；三是按3%在饲料中加入大蒜片；四是每千克饲料中添加苯甲酸钠0.5~1克；五是将醋酸钠和醋酸按1：2混合，再加入1%山梨酸，充分拌匀、干燥，再按1%添入饲料中，可保证饲料贮存3个月不变质；六是饲料中添加适量的环氧乙烷、苯丙咪唑及硫酸、苍术、艾叶香等；七是饲料中添加适量的苍术、艾蒿叶和除虫菊等药粉；八是梅雨季节在饲料间墙角放置石灰，用塑料薄膜密封贮存饲料等；九是1%丙酸钙添加在湿料或干料中，一般不再发生霉变，而且在3个月内丙酸钙的防霉效果不受外界温度、湿度和通风状况的影响。

第四节 獭兔日粮配合

一只獭兔一昼夜采食的各种饲料总量称为日粮。按日粮中各种饲料的百分比大量配合的饲料称为饲粮，根据各种饲料的营养物质含量和獭兔对各种营养物质的需要量，通过计算，选取几种饲料，以不同比例搭配起来配制成的饲料，称之为配合饲料（全价饲料）。

一、饲养标准

饲养标准就是根据獭兔的不同体重、年龄、生理特点而制订的每天所需各种营养物质数量。

二、日粮配合的原则

配合良好的獭兔日粮，应该在采取多种多样饲料基础上经过合理搭配，使其在营养需要的种类和数量能基本达到獭兔的饲养标准所规定的指标，又具有良好的适口性、消化性和符合经济要求。因此，配合獭兔日粮时应掌握其原则。

（一）獭兔饲养标准是配合獭兔日粮最基本的依据

獭兔日粮应符合獭兔的营养需要。饲养实践证明，选定适宜的饲养标准是提高配合日粮实用价值的前提，是使配合日粮满足獭兔营养需要、促进生长发育、提高生产性能的基础。选用的饲养标准，适合所养獭兔的类型，獭兔对各种营养物质都是需要的，这种营养需要量又有年龄和生理阶段的差异，因此獭兔的配合饲料，不仅要满足能量、蛋白质的需要量，也应在粗纤维、矿物质、维生素及氨基酸的含量上给予满足。各种营养含量应适合獭兔不同年龄和生理阶段的需要。

（二）獭兔日粮应由多种饲料组成

饲料的多样化可起到营养互补作用，有利于提高獭兔日粮的营养价值。一组好的獭兔日粮，在饲料组成上不应少于3～5种。而且要选用营养丰富、容积小的饲料。大容积的饲料含水分和粗纤维多，不利于獭兔的采食和对营养物质的消化利用。

（三）组成日粮的饲料应符合獭兔的适口性和营养消化特点

獭兔对饲料喜食的次序是青饲料、根茎类、潮湿的碎屑状软饲料、颗粒料、粗料、粉末状混合饲料。在谷物类中，獭兔喜食的次序是：燕麦、大麦、小麦、玉米。獭兔对各类饲料的消化率见表10。

表 10　獭兔对各类饲料的消化率（％）

饲料	干物质	有机物质	蛋白质	脂肪	纤维素	无氮浸出物
草地干草	32.5	37.5	49.5	19.1	19.1	40.3
苜蓿干草	55.5	55.6	75.5	29.1	29.1	69.5

（续）

饲料	干物质	有机物质	蛋白质	脂肪	纤维素	无氮浸出物
三叶干草	59.3	—	54.7	55.9	22.5	62.2
绿三叶草	80.5	80.8	86.1	65.5	60.1	85.9
青羽扇豆	79.5	77.0	85.6	68.0	48.0	84.9
饲用甜菜	92.3	93.2	88.5	68.2	86.0	97.1
胡萝卜	92.8	—	85.7	79.4	56.4	97.8
土豆	58.6	82.7	78.2	69.4	64.7	89.9
燕麦	65.5	69.8	69.3	83.7	26.2	76.1
玉米	92.3	90.5	78.7	93.7	30.0	85.3
小麦麸	61.9	65.6	75.8	69.5	32.2	68.3
向日葵饼	—	—	88.3	84.5	19.8	53.0
大麦	72.2	78.3	81.6	72.6	41.8	81.3

资料来源：徐立德等，养兔法（第二版），农业出版社，1988。

（四）饲喂獭兔的日粮要适量

饲养试验表明，成年公兔与断奶母兔维持所需的完善颗粒饲料量比它们自由采食的量低。喂给等于体重 3.0%～3.5%的优质日粮，就可维持其良好的体况，体重略有增加。若任其自由采食则要等于体重 5.5%的日粮才能增加体重。獭兔采食青饲料的量一般为体重的 10%～30%。各种年龄、体重的獭兔采食量见表 11 至表 14。

表 11　仔兔的采食量（克）

日龄	采食量	日龄	采食量	日龄	采食量
初生至 15	0	21～35	15～50	42～49	70～110
15～21	0～20	35～42	40～80	49～63	100～160

资料来源：徐立德等，养兔法（第二版），农业出版社，1988。

表12 生长兔颗粒饲料采食量（克）

周龄	体重	日增重	日饲料量	周龄	体重	日增重	日饲料量
4	600	20	45	8	1 780	50	140
5	800	30	70	9	2 025	40	140
6	1 100	40	100	10	2 300	35	140
7	1 420	45	135	11	2 500	30	140
平均						36.25	113.75

资料来源：陈开松等，养兔新说，上海科学技术文献出版社，1987。

表13 中型品种成年兔对青、精料采食量（克/天）

饲料种类	平均采食量	最大采食量	饲料种类	平均采食量	最大采食量
鲜青草	600	1 000	精料	120	200

表14 獭兔采食青草的数量（克、%）

体重	采食青草量	采食量占体重的百分比	体重	采食青草量	采食量占体重的百分比
500	153	31	2 500	331	13
1 000	216	22	3 000	360	12
1 500	261	17	3 500	380	11
2 000	293	15	4 000	411	10

资料来源：张家口农业专科学校主编，养兔学，农业出版社，1983。

獭兔的采食量是有限的。大容积的配合日粮不利于獭兔的采食和消化吸收营养物质。

（五）獭兔日粮配合应坚持三个保证条件

保证安全无毒，保证配合饲料的营养性和在生产上有实效，保证有合理的经济效益。

三、配合日粮用料比例

配合獭兔日粮时，所选用的饲料种类应尽可能做到多样化，以利饲料中各种营养物质发挥互补作用，提高日粮的营养价值和饲料的利用率。一般原料用量的大致比例如下：

粗饲料（干草、秸秆、藤蔓等）：35％～45％。

能量饲料（玉米、大麦等谷物）：25％～35％。

植物蛋白质饲料（各种饼粕类等）：5％～15％。

动物蛋白质饲料（如鱼粉等）：0～5％。

矿物质饲料（骨粉、石粉等）：1％～3％。

饲料添加剂（含微量元素等）：0.5％～1％。

四、配合日粮的方法

配合日粮的方法很多，为便于饲养实践中应用，可采取试差法进行配合。计算的基本步骤是：先确定饲养标准及饲料成本，再根据本地饲料来源和价格等，结合本场经验或参考其他配方，将各种原料试订一个大致的比例，即初配配方。然后计算每种营养成分、成本价格，与饲养标准相对比，若不够或多余时，进行调整，修改平衡，反复计算，直到接近或达到目标为止。因此，涉及的饲料种类越多，规定的营养指标越多，计算的工作量也就越大。

例如：用苜蓿粉、玉米、麸皮和豆饼给妊娠母兔制订饲料配方。

第一步，查饲料标准得知，妊娠母兔的营养需要为：粗蛋白质15％，粗脂肪3％，粗纤维14％，消化能每千克10.89兆焦。

第二步，查饲料营养价值表得知，所用饲料的营养成分含量见表15。

表15　饲料营养价值

饲料	粗蛋白质（％）	粗脂肪（％）	粗纤维（％）	消化能（兆焦/千克）
苜蓿草粉	13.3	1.6	30.6	7.37
玉米面	8.6	3.5	2.0	15.14
麸皮	14.4	3.7	9.2	10.71
大豆饼	43.0	5.4	5.7	15.23

第三步，根据生产经验，试配饲料，并计算营养含量。

表 16　饲料配方营养计算

饲料	比例 (%)	粗蛋白质（%）	粗脂肪（%）	粗纤维（%）	消化能（兆焦/千克）
苜蓿草粉	35	0.35×13.3 =4.655	0.35 × 1.6 =0.56	0.35×30.6 =10.71	0.35 × 7.37 =2.58
玉米	23	0.23 × 8.6 =1.978	0.23 × 3.5 =0.805	0.23 × 2.0 =0.46	0.23×15.14 =3.48
麸皮	30	0.30×14.4 =4.32	0.3 × 3.7 =1.11	0.3 × 9.2 =2.76	0.3 ×10.70 =3.21
豆饼	10	0.10×43.0 =4.30	0.1 × 5.4 =0.54	0.1 × 5.7 =0.57	0.1 ×15.23 =1.52
食盐	0.5				
骨粉	1.5				
合计	100	15.233	3.025	14.5	10.30
与标准比较	0	+0.233	+0.025	+0.5	−0.09

第四步，作适当调整。第一次试配，营养基本达到要求。为更接近标准，可下调 0.5% 粗纤维。用粗纤维含量低的玉米代替部分苜蓿草粉。代替比例可用一元一次方程求得：

设：玉米代替苜蓿草粉比例为 x，

则：$30.6x - 2x = 0.5$

$28.6x = 0.5$

$x = 0.017$

第五步，重新计算调整后饲料配方的营养含量。

表 17　调整后饲料配方营养含量

饲料	比例（%）	粗蛋白质（%）	粗脂肪（%）	粗纤维（%）	消化能（兆焦/千克）
苜蓿草粉	33.3	4.43	0.53	10.19	2.46

（续）

饲料	比例（%）	粗蛋白质（%）	粗脂肪（%）	粗纤维（%）	消化能（每千克 ** 兆焦）
玉米	24.7	2.12	0.86	0.49	3.74
麸皮	30.0	4.32	1.11	2.70	3.44
豆饼	10.0	4.30	0.54	0.57	1.52
食盐	0.5	—	—	—	—
骨粉	1.5	—	—	—	—
合计	100	15.17	3.04	13.95	10.94
与标准比较		+0.17	+0.04	−0.05	+0.04

调整后的饲料配方与要求相比已很接近。为了计算方便，仅举 4 项营养成分。当配合结束后，对主要矿物质进行计算，适当调整。维生素及微量元素添加剂另外添加即可。

五、日粮配合注意事项

1. 抓饲料品质 饲料品质关系到獭兔健康。配合饲料应严禁使用各种发霉、变质、低劣饲料。如质量低劣的动物性饲料最好不用。对含有毒素或有问题的饲料从经济角度非用不可时，要限制用量，一般不超过 3%。

2. 符合消化特点 獭兔是单胃草食动物，喜欢采食植物性饲料和颗粒饲料，不喜欢采食粉料。玉米应限制用量，用量多时会在獭兔肠内异常发酵，导致腹泻。粗纤维对营养物质的消化和吸收，大、小肠的蠕动作用很大，但含量过高或过低，对肠道消化液的分泌有不良影响。

3. 充分利用资源 选择用饲料应考虑经济实惠，充分利用来源广泛、营养丰富、价格便宜的饲料资源。特别是蛋白质饲料，可利用苜蓿草粉（含粗蛋白质 20.1%）、槐树叶粉（含粗蛋白质 19.3%）等，以降低成本。

4. 日粮相对稳定 饲料配方的优劣是经过小范围饲养试验

结果来确定，凡是所配合的獭兔日粮被兔喜食，生长快，饲料转化率高，成本低，收益大，则应保持相对稳定，不宜变化太大，以免带来不良影响。如必须更换，需逐渐进行。

5. 谨慎使用添加剂　一般而言，维生素和微量元素要超标使用，根据环境、饲养管理、气候等变化上调 20％～150％不等。但对微量元素要谨慎从事，准确计算添加数量，以免中毒。添加药物要注意有效期，而且要轮换使用，以防产生抗药性。

6. 配制饲料，因兔制宜　配制獭兔日粮，要根据獭兔的品种特性，生理阶段（如生长期、妊娠期、哺乳期、配种期等）和体况、季节、参考营养标准进行配制，不可千篇一律。只有这样，才能满足不同类型獭兔的营养需要，提高饲料效率，降低生产成本。

第五节　獭兔日粮配方举例

根据我国的饲料资源特点，现介绍部分全价配合饲料配方。这些配方虽均经生产验证，饲料配比较为合理，生产效果较好，但因各地饲料种类差异很大，品质容易变化，所以在应用过程中应根据具体情况随时调整。

一、生长兔配方

配方 1：大麦 30％、玉米 5％、豆饼 15％、苜蓿干草 32％、青干草 15％、矿物质及维生素 3％。另外，每 50 千克饲料外加蛋氨酸 100 克。

配方 2：稻谷 25％、玉米 25％、豆饼 15％、菜籽饼 7％、麦芽根 10％、清糠 16％、矿物质及维生素 2％。另外，每 50 千克饲料外加蛋氨酸 120 克。

配方 3：大麦 15％、玉米 18％、四号粉 10％、豆饼 15％、菜籽饼 7％、蚕沙 8％、青干草 10％、清糠 16％、矿物质及维生素 1％。另外，每 50 千克饲料外加蛋氨酸 100 克。

配方4：大麦15%、玉米15%、麸皮20%、豆饼12%、菜籽饼8%、松针粉5%、清糠15%、麦芽根8%、矿物质2%。另外，每50千克饲料外加蛋氨酸100克。

配方5：大麦15%、玉米10%、稻谷10%、麸皮15%、豆饼5%、菜籽饼8%、稻草粉20.5%、麦芽根10%、蚕沙5%、矿物质1.5%。另外，每50千克饲料外加蛋氨酸100克。

这组配方含粗蛋白质16%～17%，粗脂肪3%～3.5%，粗纤维13%～14%。饲喂断奶至120日龄的生长兔，成活率达98%，日增重25～28克，日耗料量为体重的7%～8%，极少发生各种肠道疾病。

二、妊娠兔配方

配方1：大麦20%、玉米10%、麸皮15%、豆饼15%、菜籽饼8%、松针粉8%、清糠17.5%、甘薯丝5%、矿物质1.5%。另外，每50千克饲料外加蛋氨酸100克、赖氨酸50克。

配方2：大麦15%、玉米10%、麸皮15%、豆饼5%、菜籽饼8%、麦芽根10%、蚕沙5%、苜蓿粉10%、稻草粉20.5%、矿物质1.5%。另外，每50千克饲料外加蛋氨酸100克、赖氨酸50克。

配方3：玉米25%、豆饼15%、菜籽饼4%、黄豆8%、麸皮22%、清糠22%、松针粉2%、矿物质2%。另外，每50千克饲料外加蛋氨酸150克、赖氨酸50克。

配方4：玉米18%、稻谷10%、麸皮20%、豆饼8%、菜籽饼5%、鱼粉2%、蚕蛹2%、麦芽根10%、清糠23%、矿物质2%。另外，每50千克饲料外加蛋氨酸100克、赖氨酸50克。

配方5：大麦20%、玉米10%、豆饼10%、麸皮10%、麦芽根10%、苜蓿粉10%、稻草粉24%、松针粉4%、矿物质2%。另外，每50千克饲料外加蛋氨酸100克、赖氨酸50克。

这组配方含粗蛋白质15.5%～16.5%，粗脂肪3%～3.5%，粗纤维14%～15%。饲喂妊娠母兔日采食量为125～200克，胎

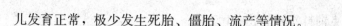

儿发育正常，极少发生死胎、僵胎、流产等情况。

三、哺乳兔配方

配方1：豆饼12％、菜籽饼8％、玉米14％、稻谷10％、麸皮22％、麦芽根20％、清糠12％、矿物质2％。另外，每50千克饲料外加蛋氨酸100克、赖氨酸50克。

配方2：菜籽饼8％、豆饼10％、玉米8％、大麦14％、麸皮10％、麦芽根28％、稻草粉20.5％、矿物质1.5％。另外，每50千克饲料外加蛋氨酸150克、赖氨酸50克。

配方3：豆饼10％、菜籽饼8％、黄豆5％、玉米10％、稻谷20％、麸皮20％、苜蓿粉10％、干草粉10％、松针粉5.5％、矿物质1.5％。另外，每50千克饲料外加蛋氨酸100克、赖氨酸50克。

配方4：玉米10％、四号粉15％、麸皮19％、豆饼8％，苜蓿粉30％、青干草15％、矿物质3％。另外，每50千克饲料外加蛋氨酸100克、赖氨酸50克。

配方5：豆饼17％、菜籽饼7％、玉米20％、大麦20％、苜蓿粉15％、清糠14.5％、松针粉5％、矿物质1.5％。另外，每50千克饲料外加蛋氨酸100克、酵母粉250克。

这组配方含粗蛋白质18％～18.5％，粗脂肪3％～3.5％，粗纤维13％～14％。饲喂带仔6～7只的哺乳母兔，全期日均采食量为300克，仔兔1月龄平均体重500克左右，哺乳期配种母兔受胎率正常，极少发现乳房炎。

四、种公兔配方

配方1：麸皮30％、大麦10％、豆饼12％、苜蓿干草26％、青干草19％、矿物质及维生素3％。每50千克饲料外加蛋氨酸100克。

配方2：豆饼10％、菜籽饼8％、大麦14％、玉米8％、麸皮10％、麦芽根28％、稻草粉20.5％、矿物质及维生素1.5％。

每 50 千克饲料外加蛋氨酸 100 克。

配方 3：豆饼 12%、菜籽饼 8%、玉米 14%、稻谷 12%、麸皮 18%、麦芽根 22%、清糠 12%、矿物质及维生素 2%。每 50 千克饲料外加蛋氨酸 100 克。

配方 4：豆饼 13%、玉米 10%、稻谷 12%、小麦 10%、麸皮 18%、麦芽根 10%、蚕沙 8%、稻草粉 13%、松针粉 4%、矿物质及维生素 2%。

配方 5：豆饼 12%、玉米 20%、麸皮 20%、麦芽根 15%、清糠 12%、松针粉 4.5%、葛藤粉 15%、矿物质及维生素 1.5%。

这组配方含粗蛋白质 16%～17%，粗脂肪 3%，粗纤维 13%～14%。限制饲喂种公兔，日喂量 125 克，公兔性欲、精液品质及母兔受胎率、产仔数正常。

五、商品兔配方

配方 1：麸皮 25%、玉米 8%、豆饼 10%、统糠 15%、苜蓿干草 20%、青干草 20%、矿物质及维生素 2%。每 50 千克饲料外加蛋氨酸 100 克。

配方 2：豆饼 10%、菜籽饼 8%、蚕蛹 4%、四号粉 9%、小麦 10%、大麦 22%、蚕沙 10%、稻草粉 12%、清糠 13.5%、矿物质及维生素 1.5%。

配方 3：豆饼 8%、菜籽饼 5%、鱼粉 2%、蚕沙 2%、玉米 16%、稻谷 12%、麸皮 20%、麦芽根 10%、清糠 12%、稻草粉 11%、矿物质及维生素 2%。

配方 4：小麦 15%、玉米 15%、麸皮 20%、豆饼 10%、菜籽饼 8%、松针粉 5%、清糠 15%、麦芽根 10%、矿物质及维生素 2%。

配方 5：麸皮 15%、大麦 15%、玉米 10%、豆饼 5%、菜籽饼 8%、苜蓿粉 10%、稻草粉 20.5%、清糠 8%、蚕沙 7%、矿物质及维生素 1.5%。

这组配方含粗蛋白质 15%～16%，粗脂肪 3%、粗纤维 14%～15%，饲喂 120～165 日龄、毛皮成熟期的商品獭兔，日采食量 125 克，毛皮质量良好，体重略有增加。

第七章

獭兔的饲养管理

科学的饲养管理是发挥獭兔良种的生产潜力，提高饲养效益的关键。如果饲养管理不当，即使有优良的种兔、丰富的饲料、合理的饲养环境，仍然会使獭兔生长发育不良、品种退化、抗病力差、死亡率高。因此，獭兔生产应坚持科学的饲养管理，才能收到良好的效果。

第一节　獭兔饲养管理的原则

一、饲养原则

（一）以青粗饲料为主，精饲料为辅

獭兔是单胃草食动物，消化器官发达，具有一系列适应草食的解剖构造和生理特点。饲料应以青粗料为主，营养不足部分，用精料补充。精饲料的补充量要根据獭兔生长、配种、妊娠、哺乳等不同生理阶段的需要与季节和青粗饲料的品质而定。如妊娠后期的母兔、配种时期的公兔及生长发育的幼兔和哺乳母兔，青饲料要好一些，精饲料的比例要稍多一些。在青饲料质量好的夏秋季节，精饲料可少补一些。日粮中精料用量偏高，不仅会增加养兔成本，而且还会影响獭兔的健康。獭兔日粮中青粗料应占全部日粮的 70%～80%，混合精料占日粮的 20%～30%，体重为 3.5～4.0 千克的成年兔，每天应供给青粗料 450～500 克，为本身体重的 10%～30%；补喂混合精料 100～150 克，为体重的 3%～5%。

（二）饲料多样化，搭配要合理

獭兔具有生长发育快、繁殖率高、新陈代谢旺盛等特点。必

须从饲料中获得多种多样充分的营养才能满足其生长、繁殖、哺乳的营养需要，从而提高生产水平，增加经济效益。因此，獭兔日粮应由多种饲料组成，合理搭配，营养互补，使日粮养分趋于平衡、全面。各种饲料所含养分、种类和质量是各不相同的，若长期喂单一饲料，不仅满足不了其营养需要，还会造成营养缺乏症，影响其生长发育。俗话说得好，"要想兔养好，需吃百样草"，单一饲喂禾本科饲草，能量可能得到满足，但蛋白质、氨基酸往往不足；单喂豆科饲料，蛋白质可能得到满足，但能量不足，蛋白质也不能充分吸收利用。若将禾本科、豆科饲料搭配饲喂，相互补充、营养完善、合理搭配，才能有利于獭兔的生长发育，可明显提高饲料利用率和饲养獭兔的经济效益。

（三）既要定时定量，少给勤添，又要灵活机动

定时：即固定每天饲喂次数和时间，使獭兔养成定时采食和排泄的习惯，使其胃肠有一个休息时间。定时饲喂可使獭兔形成条件反射，增加消化液的分泌，提高胃肠的消化能力，提高饲料的利用率。

定量：即根据獭兔对饲料的需要和生理与季节特点来确定每天喂饲的数量（表18），防止忽多忽少，让獭兔吃饱吃好，防止过食，特别是幼兔，过食会引起胃肠炎。

表18　各类獭兔每天饲料用量（克）

獭兔类型	夏季		冬季		
	青饲料	精料	青饲料	根茎类	精料
成年兔	700	20	150	150	40
配种期公兔	700～900	20～40	150～175	200	50～65
妊娠母兔	700～900	30～40	150～200	150～250	50～70
哺乳母兔	1 000～1 400	50～90	150～250	250～500	75～105
哺乳仔兔	60～100	5～7	10～15	25～35	6～8
1～2月龄幼兔	250～400	15～25	50～80	80～150	25～35
2～3月龄幼兔	350～450	20～30	65～100	125～200	30～40
3～4月龄幼兔	450～600	25～35	85～120	175～250	40～50
4～5月龄幼兔	550～700	30～40	100～150	200～300	45～60

具体饲喂时要灵活机动，采取"七看"饲喂法。

看体重：体重大的多喂，体重小的少喂。

看膘情：膘情好的或过肥的要少喂，瘦弱者、膘情差者多喂。

看粪便：如粪便干硬，要增加青绿多汁饲料，增加饮水。当粪便稀湿时，要增加粗饲料，少给予青绿多汁饲料，减少饮水，并及时投喂药物。

看饥饱：如果兔子很饿，食欲旺盛，可适当增加饲喂量。如果食欲不佳，不饿，可少喂些。

看冷热：天气寒冷时，应喂给温料，饮温水。热天少喂，增加青绿多汁饲料，多饮水，饮新鲜井水。

看年龄：成年兔饲喂次数要少，一般每天 3～4 次，中年兔每天 4～5 次，刚断奶的幼兔每天 5～6 次，并要求喂给质量好、易消化的饲料。

看带仔兔：如母兔哺乳仔兔多，仔兔已开始吃饲料，仔兔比较大时，要多设饲槽，多供饲料。

(四) 要逐渐更换饲料

一年之中饲料和饲草的种类与来源总在发生变化，广大农村群众养兔仍处于有啥喂啥的状况，夏秋季节青绿饲料充足，冬春季节则以干草和根茎类饲料为多，在早春开始吃青饲料或晚秋吃粗饲料或青贮多汁饲料时，改换饲料种类不要突变，要有一个过渡适应过程，逐渐增加新用饲料量，以便獭兔消化系统逐渐适应消化新饲料。如突然更换饲料种类，容易引起过食或食欲不振和消化不良，严重时则可能导致消化道疾病，腹泻或便秘等。

(五) 保证饲料质量，认真进行饲料调制

饲料要新鲜、清洁、卫生、保证质量，做到"十不喂"。

一不喂发霉的饲料。因为发霉的饲料含有黄曲霉菌，黄曲霉素就是黄曲霉菌的一种产物，黄曲霉菌存在于发霉的玉米、花生、大豆、谷物、棉籽及其加工副产品中。在 30℃、80％ 的相对湿度条件下，饲料本身含水 14％ 以上，都可生长黄曲霉菌，

从而产生黄曲霉素。獭兔对黄曲霉素很敏感，生长兔更敏感。兔吃了发霉饲料会中毒，导致很高的死亡率。因此，一旦发现饲料发霉就应停喂，特别要注意检查颗粒饲料内部和混合料中库底是否发霉。

二不喂腐败变质的饲料。采用青料为基础日粮时，腐败变质的饲料是引起獭兔患病的原因之一。例如，青草和蔬菜是獭兔适口性好、消化率高的饲料，但这类饲料含有硝酸盐，有的含量还比较高。这些青料会因饲料加工调制不当，在硝化细菌的作用下，使无毒的硝酸盐还原为亚硝酸盐，而且还会因这些青料放置时间的延长或变质而增加亚硝酸盐的含量。这些亚硝酸盐被獭兔吸收进入血液后，能使血红蛋白中的低价铁转变成高价铁，形成不能带氧的高铁血红蛋白，导致血液输送功能障碍，严重者可窒息而死，所以饲喂獭兔的青料应避免长期堆放，严禁饲喂腐烂青料。马铃薯、甘薯等块根茎饲料是獭兔常用饲料，具有适口性和消化性好的优点，但这类饲料若调制不当也会导致獭兔患病。马铃薯的芽、茎、叶及变绿的薯块均含有氰苷毒素和龙葵素（也称茄碱），龙葵素能引起獭兔胃肠炎及神经系统功能紊乱从而致死。因此，在饲养实践中应严禁喂发芽、腐烂的马铃薯。

三不喂有毒饲料。在獭兔饲料成分中，有些成分是獭兔生存所需要的营养成分，称为养分；有些成分可使獭兔产生中毒症状的成分，称为毒素。有些毒素是饲料中固有的，有些毒素是饲料霉烂过程中产生的。毒素的剂量达到一定的临界水平才使獭兔呈现中毒症状，低于这个水平则不能表现毒性。若采取解毒措施，或停喂，或减量，或间断饲喂，都可降低或消除毒性。

四不喂露霜草。也就是带有露水和霜冻的草不要喂，要晾干后再喂，以防引起急性腹疼。

五不喂泥土草。防止引起消化不良。

六不喂农药污染草，以防农药中毒而死亡。

七不喂被兔粪污染的饲草料，以防病菌和寄生虫的传播，造成损失。

八不喂尖刺草，特别是仔幼兔吃尖刺草易损伤口腔，被病菌或病毒感染，引起传染性口腔炎，造成大批死亡。

九不喂未经蒸煮或烤焙的豆类饲料。

十不喂大量的菠菜、牛皮菜、紫云英等青绿饲料。

（六）喂给饲料，要注意饲料适口性，配制日粮时，一定要适应獭兔的嗜好

獭兔喜吃甜的、素的，不爱吃粉状的、有腥味的，颗粒饲料是獭兔最理想的饲料剂型。喂粉料时，要用水拌湿后再喂给，否则，易被吸进气管，引起呼吸道疾病。加喂带腥味的动物性饲料，如鱼粉、骨肉粉等，要加工成粉后均匀的拌入料内喂，且用量不可过多。

（七）添喂夜草

獭兔仍然承袭其祖先昼伏夜出的习性，夜间活动多，采食量也大，冬天夜长需要夜饲。"马不喂夜草不肥，兔不喂夜草不壮。"就是这个道理。夏季白天炎热，兔子采食很少，而夜间凉爽，食欲旺盛，更需要夜饲。实践证明，獭兔夜间采食量要占全天采食量的一半以上。要想养好獭兔，必须添喂夜草。

（八）调整饲料，因地制宜

根据季节和粪便情况及时调整饲喂方法和饲料。夏季中午炎热，食欲降低。早晨和晚上气温凉爽，食欲增强。饲喂时要掌握早上喂早，中午要精而少，晚上要喂饱。冬季天寒，昼短夜长，早上喂得早，中午吃得好，晚上吃得饱，夜间添夜草。冬季无青草，为了增加维生素，应注意补充多汁饲料。

梅雨季节要多喂青干草，干燥的春季要多喂青料，粪便太干时，应多喂青绿多汁饲料，减少干饲料，粪便干小而发黑时，要多喂青粗料，少喂精饲料。

（九）充足供水，做到"五不饮"

水是獭兔生活中必需的营养物质之一，必须保证供应。獭兔的饮水量一般为饲料干物质量的两倍。实践证明，如果供水不足，则采食量下降，食物的消化、吸收、代谢物的排除和体温调

节都会受到不良影响。炎热夏天缺水时间一长，獭兔易中暑死亡，母兔分娩后无水易残食仔兔。因此，供应足够的清洁饮水应作为经常性的工作。

供水量可根据年龄、季节、生理状况和饲料种类等不同情况进行调节。生长兔饮水量多于成年兔，妊娠和哺乳母兔的饮水量高于空怀母兔，高温季节和饲喂颗粒饲料时的饮水量需增加，冬季和饲喂青绿饲料时饮水量需减少。

做到"五不饮"。一不饮冰渣水，二不饮坑塘水，三不饮隔夜水，四不饮污水，五不饮有毒水。

二、管理原则

（一）保持干燥，注意卫生

獭兔身体弱小、抗病力差。兔舍及各种用具必须经常保持清洁卫生，才能保证健康生长和发育，因此，在日常管理工作中，必须每天清扫笼舍、清除粪尿，经常保持兔舍的清洁与干燥。草架、食槽、水盆要勤洗刷；兔舍、兔笼及各种用具要勤消毒；饲养管理人员的工作服，鞋、帽等也要勤洗、勤换、勤消毒。尽可能地消灭一切病原，兔舍内少用水，多垫撒石灰吸水和消毒。这样既可满足獭兔的习性要求，又可减少病原微生物的滋生繁殖，从而起到有效防止疾病的作用，有利用獭兔的健康和生产的发展。

（二）保持安静，防止惊扰

獭兔是胆小怕惊、自卫能力差的动物。稍有异常声响就会引起惊慌不安，到处乱窜，使妊娠母兔发生流产，还可影响母兔分娩、哺乳，甚至母兔咬死或踩死仔兔等；影响种兔配种；仔幼兔可引起肺炎、消化不良等病。所以，必须保持兔舍安静，尽量避免使兔受惊吓。在日常饲养管理工作中，要注意操作轻缓，保持安静，不要在兔场（舍）周围放鞭炮和开山放炮等，防止生人、车辆或其他动物（如猫、犬、蛇、鼠）进入兔场，平时要谢绝参观。

（三）适当运动，增强体质

适当运动能促进獭兔的新陈代谢，增强体质，增进食欲，减少母兔的空怀和死胎。因此，笼养种兔，特别是种公兔，每周应放出运动1～2次，每次运动1小时左右。运动场地面应平坦踏实，四周要有1米高的围栏或围墙，防止獭兔打洞逃跑，地面铺一层河沙更好。放出运动时，应将公、母兔分开，避免混交乱配，同性兔在一起运动时，应注意防止互相咬打，运动完了要将兔放回原笼。

（四）夏季防暑，雨季防潮

獭兔全身被绒毛覆盖，汗腺极少，非常怕热。高温季节应做好防暑工作，采取通风、洒水、搭凉棚、种瓜豆遮阳，饮清凉井水，喂青绿多汁饲料等措施来防暑降温。獭兔怕潮湿，我国大部分地区雨季湿度大，气候潮湿，通常是一年中獭兔发病和死亡率最高的季节。所以应特别注意防潮。兔舍应勤打扫，不要用水冲刷地面，垫草要勤换，保持舍笼内干燥。晴天时打开窗通风，下雨时关闭门窗，减少室外潮气进入舍内，连续阴雨舍内太潮湿时，则撒些生石灰或干草木灰吸潮，尽量保持舍内干燥，寒冷气候对仔兔威胁较大，要采取防寒保暖措施，防止贼风侵袭，冬繁时最好能在温暖的产房中产仔。

（五）注意观察，认真搞好防疫

为了做到无病早防、有病早治，饲养员应每天认真观察獭兔群的健康、食欲、粪便等情况，观察兔的神经状态，鼻孔周围有无分泌物，被毛是否有光泽，有无脱毛或肿块等。凡发现患病的兔子，必须及时隔离，观察治疗，并采取防疫措施，笼舍、用具等均严格消毒，以消灭各种病原微生物。做到四防、五及时，确保养兔业健康发展。四防包括夏季重点防球虫，春秋注意防感冒和巴氏杆菌病，冬季注意防仔兔冻害，常年防疥癣和兔瘟病。五及时包括发现疾病及时报告、及时隔离、及时诊断、及时治疗、传染病及时处理。

（六）分笼、分群饲养管理

獭兔不喜群居，所以把成年兔放在一起易打架、咬伤等。为了保障獭兔的健康，防止乱配、早配等，要按獭兔的年龄、性别等进行分群饲养管理。种公兔和繁殖母兔，必须实行单笼饲养，繁殖母兔笼有产仔室或产仔箱。

三、饲养方式

（一）饲养类型

我国农家养兔，多为小规模生产，饲料类型多以青干草为主，混合精料为辅，特点是就地取料，成本低廉；中等生产规模或养兔专业户的饲料类型多以混合精料或颗粒饲料为主，青干草为辅，其特点是獭兔在混合精料的基础上可长期吃到优质青干草，有利于保持营养平衡和降低饲养成本；饲养规模较大的兔场，目前多采用全价颗粒饲料喂兔，其特点是能保持全年营养均衡，饲喂方便，节省人力，饲料适口性好，浪费少，适宜于高度集约化生产方式。

（二）饲喂方式

生产中常用的饲喂方式有自由采食和限量饲喂两种。自由采食即对獭兔的采食不加限制，限量饲喂即对獭兔提供定量的日粮。根据生产实践，对哺乳母兔和仔兔，实行自由采食有利于母兔的泌乳和仔兔的生长；对种用生长兔（公、母兔），均应采用限量饲喂 10～12 周，以免配种时因过肥而影响繁殖性能。目前，我国农家养兔多采用混合饲喂方式，即基础饲料（青粗饲料）采用自由采食方式，补充饲料（精料或颗粒料）采用限量饲喂，这种饲喂方式既能满足獭兔的营养需要，又可减少饲料浪费，降低生产成本。

（三）喂料顺序

根据生产实践，獭兔每天采食 25～30 次，每次约 5 分钟，采食饲料 5～8 克。喂料顺序，一般应先供给易消化的青绿饲料，然后供给中等消化时间的精料，夜间仅喂干草等粗饲料。每天的总饲料量中，精料可分 2 次喂，青料可分 2～3 次喂，夜间仅喂粗饲料，养兔户的经验是"早晨喂得早，中午吃得好，晚间吃得饱，夜间添夜草"。

（四）兔群结构

兔群结构的好坏可以直接影响獭兔的生产发展、繁殖效果和产品质量。

兔群年龄结构：獭兔的最佳利用年限为 2～3 年。青年兔生产性能较低，3 岁以上的老年兔生产性能又明显降低。因此，每年秋天都应定期对兔群进行一次淘汰更新。比较适合的年龄结构是：6～10 月龄兔应占兔群总数的 20%～30%，1～2 岁兔占 40%～50%，2～3 岁兔占 20%～30%。

兔群公母结构：目前我国普遍采用季节性繁殖和自然繁殖为主的方式。因此，公母比例，生产群以 1∶8～10 为宜，种兔繁殖群以 1∶6～8 为宜，集约化兔场，采用人工授精技术，以 1∶16～20 为宜。

第二节　各类獭兔饲养管理技术

獭兔因生理发育阶段和生产任务不同，对外界环境和饲养管理条件的要求也各有差异。在饲养管理工作中，除应严格执行一般的饲养管理原则外，还应针对各类兔的特点，加强饲养管理。

一、种公兔的饲养管理

饲养种公兔的主要目的是配种，种公兔品质的好坏，对后代兔群的质量有重大影响，作为种用公兔应具备种性纯、发育好、体质结实、肥瘦适中、性欲旺盛、生殖器官正常、精液品质优良等各项条件，否则就不符合种用要求。饲养管理水平的高低，可直接影响其生长发育、体质、性欲和精液品质，在一定程度上还决定其遗传潜力的发挥和后代的生活力。因此，加强种公兔的饲养管理非常重要。

（一）种公兔的饲养

种公兔在饲养过程中，重点要注意营养的全面性和长期性，饲料上应注意可消化性和适口性，还要注意饲料的品质，不宜喂给过多低浓度、大体积、多水分的粗饲料和多汁饲料，休闲期与配种期分别对待，特别是幼年时期，如全喂青、粗饲料，不仅兔增重慢，成年体重小，而且品质也差，形成草腹（大肚子），从而降低种用价值。

1. 饲料营养的全面性　因为种公兔的配种率首先取决于精液的数量和质量，而精液的品质与种公兔的营养密切相关，特别是蛋白质、矿物质、维生素对保证獭兔精液品质、提高和发挥种公兔的种用价值有着重要的作用。

2. 饲料营养的长期性　种公兔的饲养还要着眼于营养供给上的长期性。因为獭兔精子是由精原细胞发育而成，而精细胞的发育需要一个较长的时间，所以需要在一个较长时间内均衡补给营养物质。在饲料类型上给种公兔酸性饲料，可以加强种公兔的性反射和精子形成。

（二）种公兔的管理

种公兔的管理与饲养同等重要，管理不善，也会影响其种用价值和配种能力，在管理上，要为种公兔创造和保持一个清洁、干燥、凉爽、无兽害环境，要注意以下几点。

（1）后备公兔和种公兔应单笼饲养，当后备公兔3月龄时，必须与母兔分开饲养，实行一笼一兔喂养方法，并使公兔笼与母兔笼保持较远距离，避免异性刺激影响公兔性欲。公兔的群居性差，好咬斗。如果几只公兔在一起饲养，轻则互相爬跨影响生长，重则互相咬斗，致伤致残。

（2）加强运动。长期缺乏运动的公兔，四肢软弱，体质差，会影响配种能力。有条件的兔场，公兔应定期放入运动场运动。每周最少放出运动2～3次，这样可多晒太阳，增强性欲。

（3）防止早配，合理使用。对于未到配种年龄的公兔不应用来配种，过早使用会影响公兔发育，造成早衰。公兔与母兔比例要适当，商品兔场公、母比例为1∶8～10，种用兔场为1∶5。在繁殖配种旺季，成年种公兔每天最多交配两次，连续使用两天应休息一天。青年兔只能每天交配一次，并且使用一天休息一天，炎热的夏季应尽量少配或停配。

（4）搞好初配公兔的调教。选择发情正常、性情温驯的母兔与其配种，使初配能顺利完成。

（5）根据季节，调整种兔的日粮。种公兔在春秋季节性欲旺盛，精液品质最佳，配种受胎率高，冬季次之，夏季最差。春秋季节是配种繁殖的最好时期，也是公兔的换毛季节，对蛋白质的需求量大，应增加饲料中蛋白质的供给。夏季气温高，公兔睾丸萎缩，出现夏季不育，故应防暑降温。冬季寒冷，饲料消耗大，应增补精料和多汁饲料，保证能量和维生素的供给。

（6）常检查公兔生殖器官，发现疾病，要停止配种，治愈后再用，以防影响公兔健康或将疾病传染给母兔。

二、种母兔的饲养管理

种母兔是整个兔群的基础，饲养管理的好坏，直接影响着养兔的成败，种母兔在空怀、妊娠、哺乳三个时期的生理状况差异显著，必须根据各个不同的生理状态采取相应的饲养管理技术。种母兔的饲养管理是一项细致而复杂的工作。

（一）空怀母兔的饲养管理

空怀期又称休产期，是指由仔兔断奶到再次配种受胎的一段时期，这个时期是母兔恢复体力，以保持再次能够正常发情、配种和妊娠的时期，由于哺乳期大量消耗体内营养，身体比较瘦弱，为尽快恢复体力，除了增加营养外，还可适当延长休情期。

1. 空怀母兔的饲养　这个时期的种母兔应保持一般的营养水平，过肥过瘦往往造成不孕。因过肥母兔的卵巢结缔组织沉积了大量脂肪，阻碍卵细胞的发育，造成母兔不孕；过瘦会导致脑垂体机能不正常，分泌激素减弱，同样使卵细胞不能正常发育，也会造成母兔长时间空怀。所以必须随时注意空怀期的母兔体况，过肥过瘦都应及时调整精料数量，使母兔保持良好的体况。此期母兔在饲养上若喂颗粒饲料即可满足需要，若采用天然饲料就应在喂优质青饲料为主的基础上，搭配适量精料，使妊娠、哺乳消耗的营养能迅速得到补充。在配种前 15 天应转换成怀孕母兔的营养标准，使其具有更好的健康水平。

对长期不发情的母兔，除了改善饲养管理条件外，还可以进行人工催情。其方法如下：

（1）激素催情　孕马血清促性腺激素一次肌内注射 50～80 单位；卵泡刺激素 50 单位，一次肌内注射；三合激素 0.75～1 毫升，一次肌内注射，一般 2～3 天发情配种。

（2）药物催情　每只每天喂维生素 E 1～2 丸，连续 3～5 天；口服中药催情散，每天 3～5 克，连续 2 天；中药淫羊藿，每天 5～10 克，均有较好效果。

（3）挑逗催情　将母兔放入公兔笼内，让公兔追赶、啃舐、爬跨，1 小时后取走。4～6 小时后检查外阴，多有发情表现。否则再重复 1～2 次。

（4）机械催情　用手指按摩母兔外阴，或用手掌快节律轻拍外阴，并同时用手抚摸兔腰荐部，每次 5～10 分钟。4～6 小时后检查，多数发情。

（5）外激素催情　将母兔放到公兔的隔壁笼内（以铁笼最好），或放到养过公兔的笼内。公兔所释放的特殊气味——外激素，可刺激母兔发情。

（6）外涂催情　母兔外阴涂 2% 医用碘酊可刺激母兔发情。

（7）断乳催情　一般母兔泌乳抑制发情。对产仔少的母兔可合并仔兔，一兔泌乳，另一兔则在断乳后 7 天内发情。哺乳期超过 28 天的仔兔可提前断乳。

（8）光照催情　在光照短的秋、冬季，延长光照时间达 14～16 小时，可促进母兔发情。

（9）营养催情　配种前 1～2 周，对体况较差的母兔增喂精料，多喂优质青饲料，补喂大麦芽、绿豆芽或南瓜、胡萝卜等，或超倍添加维生素，添加含硒生长素等，或饮水中加入可弥散性复合维生素，催情效果良好。

2. 空怀母兔的管理　空怀母兔最好单笼饲养，但必须注意观察其发情情况，掌握好发情征候。做到适时配种。在产仔安排上，农村条件下每年可繁殖 4～6 胎。对于仔兔断奶后体质瘦弱的母兔，应适当延长休产期，不要一味追求繁殖胎次，否则将影响母兔健康，使繁殖力下降，也会缩短优良母兔的利用年限，同时会影响到仔兔生活力和成活率，造成经济损失。

（二）妊娠母兔的饲养管理

妊娠期又称怀孕期，指种母兔自交配受胎到分娩的时期，一般为 30 天，此期饲养管理的重点是加强妊娠后期的营养，防止流产和做好产前的准备工作。

1. 加强营养 妊娠母兔，除维持本身营养需要外，还要供给胎儿营养。特别是青年母兔，仍处在生长阶段，除供给胎儿正常生长发育的营养需要外，还要供给自身生长的需要。因此，供给母兔全价的营养才能满足这些需要。

妊娠前期（1～15 天）胎儿处在发育阶段，主要是各种组织器官的形成阶段，以增重占整个胚胎期的 1/10 左右，对营养物质数量的要求不高，应注意饲料的质量。一般按空怀母兔的营养水平供给即可。15 天后应逐渐增加精料喂量。从妊娠 19 天到分娩这段时间，胎儿处于快速生长发育阶段，增重加快，精料应增加到空怀母兔的 1.5 倍。同时要特别注意蛋白质、矿物质饲料的供给。矿物质缺乏时，易造成母兔产后瘫痪。临产前 3～4 天要减少精料喂量，以优质青粗和多汁饲料为主，以免造成母兔便秘和死亡或难产及产后患乳房炎。母兔分娩 2～3 天后要逐渐将精料增加到哺乳期的标准和饲喂量。

2. 注意管理，防止流产 怀孕母兔护理重点是为其创造安静、清洁、适温的环境条件，减少应激刺激。獭兔怕惊，怀孕母兔尤甚，一切习惯了的外界环境突然发生变化，都会成为应激因素，使怀孕母兔产生应激反应，轻者引起食欲不振，重者引起流产。一般怀孕母兔流产多在怀孕后 15～20 天发生，尤以 25 天左右为多。造成流产一般有机械性、营养性、环境性的因素。机械性流产多由于捕捉或突然声响和骚动引起；营养性流产多数是由于饲料营养价值不全、突然更换饲料及饲喂发霉变质的饲料引起；环境性的流产多由于环境温度的突变、环境不安静及环境不清洁等引起。为了杜绝流产，必须对上述因素采取有效的改进措施，减少应激刺激。

3. 做好产前准备工作　一般獭兔妊娠期 30 天。胎儿较多时孕期较短，胎儿较少时则孕期较长，胎儿过大易延长孕期，甚至造成难产，应特别注意观察。

在条件允许的情况下，最好将妊娠 25 天的孕兔调整到同一个房舍内，或集中到邻近的几个笼内，以便观察和管理。产前 3～4 天将兔舍和产箱彻底清洗消毒（2％～3％来苏儿、0.1％新洁尔灭均可）。消毒后的笼和产箱应用清水冲洗干净，移动式产箱应在阳光下晒干后再放入笼内，除去消毒液残留的药液味，以免母兔不安而到处乱钻乱撞。然后放进柔软垫草，让母兔熟悉环境，便于衔草、拉毛做窝。妊娠母兔在产前 2～3 天应减少精饲料供应量，以防发生乳房炎。对初产母兔应检查产前表现，如发现不会叼草、拉毛絮窝者，要进行人工辅助。用柔软的毛、草做好产窝，并进行人工拉毛。实践证明，可以刺激泌乳，拉毛少者乳汁分泌少，拉毛多者乳汁分泌多。分娩前要准备好饲料和饮水，有条件者可准备好豆浆、稀粥等，以备母兔分娩后吃喝。分娩以后，母兔肚里很空，又渴又饿，如事先未准备好饮水和饲料，母兔就会被迫残食仔兔。临产前夕需要有人值班护理，以防产在产仔箱外边，掉到粪尿沟冻饿而死。如有死胎或畸形怪胎，要及时取出，防止母兔将死胎和胎衣一起吃掉，以免养成残食仔兔的恶癖。临产前必须保持安静，严防惊扰。母兔分娩很快，只需要 20～30 分钟，2～3 分钟产一只仔兔。分娩时背部隆起，口舔阴部，有时发出叫声，仔兔连同胎衣一并产出。母兔将脐带咬断，吃掉胎衣，舔干仔兔身上的羊水和血液后，仔兔便去吃奶，紧接着母兔又产下一只仔兔。

分娩完毕后取出产仔箱，清点仔兔，称量初生重和个体重，做好记录，并协助母兔重新理好产仔箱。

（三）哺乳母兔的饲养管理

母兔分娩后到仔兔断奶前为哺乳期，一般可维持 7 周，产后 20 天左右达到泌乳高峰，在此阶段以保证母兔健康，提高泌乳量，保证仔兔正常生长发育，少得病，增重快，成活率高为饲养管理的目标。

1. 哺乳母兔的饲养　哺乳母兔每天的泌乳量为 60～150 克，最高可达 300 克以上。由此可见，每天都要消耗大量的营养物质。这些营养物质必须从日粮中获得。如果饲料质量较差或不足，就会影响母兔和仔兔的健康和生长发育，严重时会得病或引起死亡。因此，对哺乳母兔应增加饲料量。除喂给新鲜优质青绿饲料外，还必须补喂精料，保证蛋白质、矿物质的供给，如玉米、豆饼、鱼粉、食盐及骨粉等。

母兔分娩后 1～2 天内，消化道处于复位时期，食欲不振，体质虚弱，消化力低。一般应多喂些鲜嫩青绿多汁饲料，少喂精料。3 天后体质已开始恢复，仔兔的哺乳量也随之增加，可适当增加精料喂量，但此时母兔的消化机能尚未完全恢复，精料量过多会带来消化不良，同时奶水过多，新生仔兔吃不完，易引起乳房炎。一周后恢复正常量，精料量达到 150～200 克。

母兔乳汁中大部分是水分。所以，必须供给哺乳母兔充足而又清洁的饮水，以满足其对水分的需要。

2. 哺乳母兔的管理　在管理上除做好常规的清洁和消毒工作外，为哺乳母兔提供安静、清洁、干燥、温暖的环境，是保证母兔健康、促进泌乳的重要条件。由于哺乳母兔容易发生乳房炎，发现乳房有硬块、乳头有红肿应及时隔离、消毒、治疗。为预防此病，除及时调整精料喂量、保持笼具卫生外，在产仔前后连服 3 天磺胺药，也可收到一定效果。在生产中还有些哺乳母兔，特别是初产母兔拒绝哺乳，要检查拒哺原因，针对性采取措施，对母性不强的母兔要采用人工哺乳，连续几次即可收效。有的母兔产仔兔数量多，超过母兔哺乳能力，应及时找同期产仔少的母兔代养。对产后没有奶或哺乳能力差的母兔，经两产后仍无好转应严格淘汰。此外还应测定母兔泌乳力，测定方法就是称初生窝重和21天窝重，其增加的重量即为母兔的泌乳力。

有的母兔没奶或乳汁很少。分娩后个别母兔不下奶或下奶少，这时应进行人工催奶，其具体方法如下：

（1）鱼催奶 用鱼50～100克，没有鲜鱼时，干鱼也可（但最好未经过盐腌制），在锅内煮后，取汤或肉拌料喂母兔，连用3～5天。喂食后第二天即见母兔腹部周围隆起。

（2）拉毛催奶 在母兔分娩拉毛时，将其拉下的毛取走，母兔发现毛少了，就会继续拉毛，一直拉到腹毛光秃。如果初产母兔不会拉毛，可人工帮助拉毛，使乳房充分暴露，此法有明显的催奶效果。

（3）红糖水催奶 母兔分娩后，立即用开水冲一碗红糖水给母兔喂服，可提高泌乳量。

（4）黄豆、豆浆催奶 将黄豆20～30粒用开水浸泡后煮熟，拌入饲料中喂兔；也可将豆浆添加开水稍凉后供母兔饮用。但豆浆要随制随用，喂量不宜过多。

（5）豆饼催奶 将豆饼粉碎后，加水浸泡9～12小时，将泡好的水供母兔饮用，剩渣拌入饲料喂兔。

（6）蚯蚓催奶 将新鲜蚯蚓用开水泡，发白后切碎拌红糖喂兔，每天2次，每次1～2条；也可晒干粉碎后每天喂10～15克，连喂4天，可增加泌乳量1.5倍。

（7）花生米催奶 将花生米2～3粒，用温水浸泡1～2小时，使其充分泡开，拌入饲料中让母兔自行采食，连用2～3次，母兔泌乳就会十分旺盛。

（8）食油催奶 在饲料中加入1.5％玉米油或少量猪油喂兔，即可达到催奶的目的。

（9）茴香苏打催奶 茴香2克，苏打1片，粉碎混入饲料中喂母兔，连喂3～5天。

（10）催乳片催奶 对无奶哺乳母兔，可喂催乳片，每天2片，连喂3～4天。

（11）中草药催奶　将紫花地丁、车前草、蒲公英等切碎拌入饲料中，连喂3～5天，即可产奶，又可消炎去火。冬春多喂胡萝卜、南瓜等多汁饲料。

（12）芝麻、花生米催奶　芝麻一小撮，花生米10粒，食母生3～5片，捣烂后饲喂，每日一次。

（四）仔兔的饲养管理

仔兔是指初生到断奶阶段，是獭兔各器官进一步发育，生理机能发生激烈变化的阶段，也是獭兔难养阶段，仔兔出生后，生活环境发生了急剧变化，而仔兔的器官发育尚不完全，调节机能差，适应能力弱，很容易死亡。所以，必须采取有效的饲养管理措施，以提高仔兔的成活率。

1. 仔兔的生理特点

（1）缺乏调节体温的能力　仔兔出生时裸体无毛，没有调节体温的能力，其体温随外界温度的变化而变化。一般在产后4天才生毛，10天才能保持恒定的体温。在夏季炎热时仔兔容易中暑，冬天寒冷时易发生冻伤。仔兔生活环境的温度要求30～32℃。

（2）视觉和听觉还未发育完善　仔兔生后闭眼、封耳，整日除了吃奶就是睡觉，到产后8天耳孔才能开放，12天才能睁眼睛。

（3）生长发育快　仔兔初生重一般为45～60克，在正常生长发育情况下，出生1周体重增加1倍，生后10天增加2倍，生后30天增加10倍。

2. 仔兔死亡原因

（1）被母兔残食　由于对妊娠母兔饲养不当，或母兔母性不强、有恶癖，产后咬死或吃掉自己的仔兔。

（2）鼠害　哺乳仔兔最容易被老鼠咬死、咬伤或拉走。

（3）冻饿而死　由于母兔产仔时受到惊扰，将仔兔产在箱外，掉到粪沟里被冻死、饿死或被水溺死。

（4）呼吸道疾病　母兔患乳房炎等疾病造成死亡，仔兔吃了患乳房炎的乳汁，造成葡萄球菌感染，引起急性肠炎，很快死亡。

（5）母兔乳头少　乳头少而产仔数过多，大小不一，强壮仔兔抢乳吃，而弱小者吃不上乳，越来越瘦弱，最后死亡。

3. 睡眠期仔兔的饲养管理

从仔兔出生到 12 日龄左右为睡眠期。刚出生的仔兔，体表无毛，眼睛紧闭，耳孔闭塞，体温调节能力很差，消化器官发育尚不完全，如果护理不当，很容易死亡。

（1）饲养方面　睡眠期的仔兔，生长发育很快，初生体重仅 50～60 克，1 周龄体重可增加 1 倍左右，10 日龄体重可达初生重的 3 倍以上。因此，仔兔出生后尽量让其吃上奶、吃足奶，而经常处于饥饿状态的仔兔，往往生长发育不良，死亡率很高。特别是母兔产后 1～2 天内分泌的初乳，营养丰富而又有母源抗体和轻泻作用，有利于促进仔兔生长，排尽胎粪，所以，应设法使仔兔尽早吃上初乳。

睡眠期仔兔，除了吃奶就是睡觉。在此期间，仔兔的新陈代谢非常旺盛，吃下的乳汁大部分被消化吸收，很少有粪便排出。因此，饲养睡眠期的仔兔，只要能够吃饱奶、睡好觉，就能保证其正常的生长发育。

（2）管理方面　睡眠期仔兔的管理要非常细致。养兔的实践表明，要提高睡眠期仔兔的成活率，可采取以下措施。

①寄养仔兔：在生产实践中经常出现有些母兔产仔多，有些母兔产仔少。为此，必须做好仔兔的调整寄养工作，一般泌乳正常的母兔可哺育仔兔 6～8 只。其方法是将出生日期相近的仔兔（以不超过 2～3 天为宜）从巢箱中取出，按体型大小、体质强弱分窝，然后在仔兔身上涂抹数滴母兔乳汁或尿液，以扰乱其嗅觉，防止母兔拒绝寄养，发生咬伤或咬死仔兔的现象。②强制哺乳：有些母兔护仔性不强，尤其是初产母兔，产仔后拒绝哺乳，使仔兔缺奶挨饿，如不及时处理，就会导致仔兔死亡。强制哺乳的方法是将母兔固定在巢箱内，使其保持安静，然后将仔兔安放

在母兔乳头旁，让其自由吮吸，每天进行1~2次，连续3~5天后，大多数母兔就会自动哺乳。③人工哺乳：如果仔兔出生后母兔死亡、无奶或患乳房炎等疾病不能哺乳或无适当母兔寄养时，可采用人工哺乳。人工哺乳可用牛奶、羊奶或炼乳等代替（1周内加水1~1.5倍，1周后加水1/3，2周后可用全奶）。也可用豆浆、米汤加适量食盐代替，温度保持在37~38℃。喂时可用玻璃滴管或注射器，任其自由吮吸。④防寒保暖：初生仔兔的抗寒能力很差，极易受冻死亡。据试验，仔兔保温室的温度最好能保持在15~20℃。一旦发现仔兔受冻，就应及时保温抢救，一般可将受冻仔兔放入40~50℃的温水中，露出口鼻并慢慢摆动，或用25瓦灯泡照射取暖（可将灯泡吊装在离兔体10厘米左右的巢箱上），效果很好。⑤防止鼠害：仔兔出生后4~5天内最易遭受鼠害，有时会发生全窝仔兔被老鼠吃掉。应特别注意将兔笼、兔窝严密封闭，勿使老鼠入内。在无法堵塞笼、窝漏洞的情况下，可将巢箱统一编号，晚间集中防护，日间送回原笼，定时哺乳。

4. 开眼期仔兔的饲养管理　仔兔开眼之后就要经历出巢、补料、断奶等阶段，这是养好仔兔的第二个关键时期。

（1）饲养方面　开眼后的仔兔生长发育很快，而母乳已开始减少，满足不了仔兔的营养需要，所以必须及早抓好补料关。据生产实践经验，一般仔兔在15日龄左右就会出巢寻找食物，此时就可开始补料，喂给少量营养丰富而容易消化的饲料，如豆浆、豆渣和切碎的幼嫩青草、菜叶等。20日龄后可加喂麦片、麸皮和少量木炭粉、维生素、大蒜、洋葱等消炎、杀菌、健胃药，以增强体质、减少疾病。

（2）管理方面　开眼期的仔兔是比较难养的，在管理方面抓好以下几项工作：

①仔兔开眼时要逐个检查，发现开眼不全的，可用药棉蘸取温开水洗净封住眼睛的黏液，帮助仔兔开眼。

②仔兔胃小，消化力弱，但生长发育很快，开始补料时应

少喂多餐，最好每天 5～6 次，30 日龄后可逐渐转为以饲料为主。

③仔兔开食后最好与母兔分笼饲养，每天哺乳 1 次，这样可使仔兔采食均匀，安静休息，减少接触母兔粪便的机会，以防感染球虫病。

④仔兔一般在 28～30 日龄断奶，断奶时应采用离奶不离笼的办法，尽量做到饲料、环境、管理三不变，以防发生各种不利的应激反应。

⑤仔兔开食后粪便增多，并开始采食软粪。据实践经验，此时仔兔不宜喂给含水分高的青绿饲料，否则容易引起腹泻、胀肚而死亡。

（五）幼兔的饲养管理

从断奶到 3 月龄的小兔称为幼兔，幼兔的特点是生长发育快，但抗病力差，要特别注意养护。

1. 幼兔的饲养 刚断奶的幼兔仍应喂给断奶前的饲料，青料应新鲜、优质，精料要容积小、营养好和易消化，还要加喂适量矿物质，粗纤维含量必须达到营养要求。随着年龄的增长，可逐渐改变饲料组成，数量以吃饱为宜，防止因贪食而引起消化道疾病。幼兔饲料一定要新鲜清洁，带泥的饲草要洗净、晾干后再喂。喂饲时应掌握少喂多餐的原则，每天饲喂青料 3～4 次，精料 2～3 次。

2. 幼兔的管理 幼兔期是死亡率较高的时期，规模兔场的死亡率一般为 10%～20%，也有的高达 30%～40%。导致幼兔发病、死亡的主要原因：一是应激影响。从仔兔到幼兔，环境发生较大的变化，如断奶、饲料、笼舍的改变，防疫接种，防病投药等众多因素的影响，均可引起幼兔的应激反应；二是营养不良、体弱多病，或先天不足，生活力不强均可导致生长发育停滞，抗病力下降。特别是哺乳期感染了球虫病的幼兔，断奶后体质下降更易发病死亡；三是管理不当。幼兔采食了霉烂、冰冻、带泥沙的草料，或者笼内拥挤，吃食不匀，缺乏运动等均可导致幼兔体质下降，感染疾病，造成死亡。因此，要提高幼兔的成活率，应采取以下措施。

（1）分群饲养　断奶后的幼兔应根据体重大小、体质强弱、出生时间等进行分群饲养，以小群笼养为好。笼养时可每笼饲养3～4只，群养则可8～10只组成一小群。

（2）加强运动　幼兔爱活动，又是肌肉和骨骼增长的旺盛阶段。因此，每天应集群放在户外运动2～3小时，多晒太阳，促进消化、增进食欲，促进钙、磷吸收，增强体质，提高幼兔抗病力。放养的幼兔体重大小应基本接近，体弱兔可单独饲养。放养时，除刮风下雨天外，春秋季节可早晨放出，傍晚回笼。冬季在中午暖和时放出，夏季在早、晚凉爽时放出，如有凉棚或其他遮阳条件，也可整天放养，傍晚收回笼中。

幼兔放养时，要有专人管理，防止互斗、兽害和逃跑。如有病兔，应立即隔离并治疗。如遇天气突变，要尽快收回兔笼。

（3）注意防病　幼兔阶段多种传染病易发，应抓好防疫。坚持消毒、注射疫苗和投药相结合，以消毒为主。除注射兔瘟、巴氏杆菌和魏氏梭菌疫苗（三联苗最好，能减少多次注射造成的不良影响）外，春秋季预防口腔炎、感冒、大肠杆菌病，特别是夏季预防球虫病的暴发。哺乳期已感染了球虫卵囊的幼兔，断奶后，由于环境条件的改变，抗病力降低后，最易暴发球虫病，甚至造成大批死亡。有时发病死亡率高达80％～100％，给养兔业带来极大的经济损失。饲料中常加些洋葱、大蒜等，对预防疾病和增强体质有益。

（4）搞好卫生　农村副业养兔，仍有地面放养的习惯，患球虫病死亡较多。因此，必须认真做好清洁卫生工作，保持圈舍清洁、干燥、通风，如发现圈舍潮湿，应及时换上干土或干草垫料。采用厚垫土（草）的办法还有利于积肥。运动场及圈舍内外应经常清粪、消毒，以减少病原微生物及感染球虫病的机会。

（5）选优去劣　断奶后的幼兔应认真填写好"幼兔生长发育

记录表"，及时掌握兔群的生长发育情况，做好选优去劣工作。群养兔应每隔15～30天称重一次，如生长一直良好，外貌特征符合品种要求，则可留下作种用而转入繁殖群；体重增长缓慢或有某些外貌缺陷的幼兔，一律转入生产群；对病兔要查清病因，进行隔离饲养和治疗。

（6）定时定量，幼兔饲喂必须定时定量　幼兔新陈代谢旺盛，生长发育快，而且贪食，但其消化力，特别是对粗纤维的消化力较弱，所以幼兔的饲料应是营养丰富、易消化、体积较小、能量和蛋白水平较高的饲料。对断奶后1周的幼兔，日粮中精饲料（仔兔配合料）占80%，劣质干草对断奶兔是很不合适的。还必须注意饲料的适口性，做到少喂勤添，每天喂4～5次为宜。一般每天喂混合精料2次，青绿饲料2～3次。饲料要清洁干净，青绿饲料要鲜嫩，带泥土的青草必须洗净晾干再喂。饲料槽有足够数量，以防争食和饥饱不均。为了促进幼兔生长发育，在混合料中可加入一些微量成分，如酵母粉、微量元素添加剂（含硒生长素）、维生素、骨粉、贝壳粉等矿物质饲料。喂量应随年龄增长、体重增加逐渐增加，不可突然增加和变更饲料，必须保持饲料的相对稳定，否则极易患消化道疾病或引起死亡。

（7）有温暖、干燥、清洁、安静的环境　幼兔娇气，需提供良好的生活环境，特别胆小，易受惊。受惊后到处奔跑躲避，紧张异常，呼吸加快，严重时会导致消化不良，发育受阻。所以，必须为其创造一个安静的环境。饲养人员应穿工作服，非幼兔饲养员不得随意进入幼兔舍，因为幼兔对特异的颜色、气味、声音都非常敏感，都可受到惊吓。

幼兔对外界环境的抵抗力较差，怕冷、怕潮湿。因此，应经常保持兔舍的温暖、干燥和清洁卫生。

（8）保证水的供给　幼兔生长快，食量大，必须保证充足的饮水，才能保证机体物质代谢正常进行，促进幼兔的生长和健康。特别是患胃肠炎和腹泻病的幼兔，更应注意饮水，防止体内脱水。一般情况下，冬季每天饮水 1 次，其他季节每天饮水 2 次。气温较高时应做到清水不断，饮水常换。

（9）防兽害　幼兔的自卫能力极差，应特别注意防兽害。

（六）商品兔的饲养管理

商品獭兔是指 3 个月龄以上到取皮的獭兔。商品獭兔养得好坏，直接影响到皮张的质量。而獭兔最佳取皮时期是 5～6 月龄的青年兔。此外，还有各种淘汰獭兔。为了提高商品獭兔皮质量，也需在宰杀前搞好饲养管理。

1. 饲养技术　专门用于取皮的商品獭兔，大多属青年兔，其特点是生长发育快，新陈代谢旺盛，需要供给充足的蛋白质、矿物质和维生素。一般农村养兔可以青粗料为主，适当补喂精饲料。如提供全价颗粒饲料，则蛋白质含量应达 16％～18％，脂肪 2％～3％，粗纤维 12％～13％，并保证充足饮水。屠宰前的短期育肥饲养，不仅有利于尽快增膘，而且有利于提高皮张质量，改善兔肉品质。

2. 管理技术　为了提高獭兔皮的质量，增加商品獭兔的经济效益，在管理上应抓好以下几项工作。

（1）分群管理　为提高劳动效率，通常实行分群或分圈饲养。断奶后的小公兔全部去势，按年龄、体重、强弱分群或分圈。每笼 4～5 只，每圈 20～30 只。圈养商品獭兔的优点是节省人力、物力，降低饲养成本，管理方便，能使兔子充分运动，呼吸新鲜空气和沐浴阳光，促进生长发育；缺点是不能定量饲喂，传染病较难控制，容易发生咬斗。

（2）清洁卫生　兔舍、兔笼应保持清洁、干燥，凡尘土较大、空气污浊、烟雾笼罩的场所均不宜饲养商品獭兔。环境潮湿、污浊可使毛皮品质降低，还可能感染各种疾病。必须及时清理兔舍污物，防止灰尘飞扬，清理栏圈中的粪尿，保证兔舍内空气新鲜，环境清洁卫生、干燥。

（3）防治疾病　特别要预防严重影响兔皮质量的霉菌病、疥癣病、兔虱和跳蚤等外寄生虫、皮下脓肿、脚皮炎等常见病，要注意检查，及时发现并隔离治疗；对兔瘟、巴氏杆菌、魏氏梭菌病等传染病，应做好预防接种工作。

（4）调节运动强度　刚进入商品阶段的幼兔，前期可适当增加运动，每天运动 1～2 小时，多晒太阳，以增强骨架生长、体质和抗病能力。到最后 15 天内要限制运动，以减少对能量的消耗，可将待育肥的幼兔控制在较小的笼舍内，尽量减少活动范围，并保持环境安静、黑暗，有利于迅速催肥。

（5）控制环境温度　环境温度高低对商品兔的出栏有直接影响。温度过高时，商品兔的食欲降低，食量减少，影响增重。温度过低时，商品兔为了维持正常体温，就会消耗营养物质而使增重缓慢。有条件时，尽可能将温度控制在 15～25℃，因为此温度是商品兔最理想的环境温度。

（6）公兔早期去势　凡不留作种用的公兔，去势后不但性情温驯、便于管理，而且生长迅速，还可提高皮肉质量。实践测试，去势的公兔可增加体重 15% 左右。公兔去势最适宜时间范围为 55～70 日龄。

第三节　不同季节獭兔的饲养管理技术

养兔生产的整个过程都与环境条件密切相关，环境条件对獭兔的影响包括直接和间接的影响。直接的影响是多方面的，它不仅影响到獭兔的分布和适应能力，还影响獭兔的生长发育、生产力和繁殖力。间接的影响是通过饲料对獭兔有机体发生影响，不仅影响到獭兔的被毛覆盖、生理机能、新陈代谢，而且在确保獭兔全年均衡饲料的条件下，獭兔的许多经济性状也表现出明显的季节差异。我国南方春季多阴雨，湿度大，兔病多；北方多风沙，早晚温差大，是养兔的不利季节之一。尤其是幼兔，发病率、死亡率较高。因此，养兔应根据獭兔的习性、生理季节特点，采取不同的饲养管理方法。

一、春季饲养管理

（一）抓好饲料供给

经过一冬饲喂干粗饲料之后，一开春兔子的体质较为瘦弱，随着气温渐升，青草逐渐萌芽生长。此时的青草因含水量高，容易霉烂变质。所以，要严格掌握饲料品质，不喂霉烂变质或带泥沙、堆积发热的青绿饲料。菠菜、牛皮菜等因草酸盐含量较高，影响钙的吸收，多喂易引起腹泻，故应控制使用。

在饲喂颗粒饲料时，要让兔吃饱吃好。为了增强兔的抗病能力，可在饲料中拌入大蒜、葱等有杀菌能力的饲料，也可拌喂0.01%～0.02%碘溶液、适量的木炭粉或抗生素、磺胺类药物等，减少和避免消化道疾病的发生。

（二）搞好环境卫生

春季雨水多，湿度大，是各种病菌繁殖的有利季节，所以，一定要搞好笼、舍的清洁卫生工作，做到勤打扫、勤清理、勤洗刷、勤消毒。地面湿度较大时，可铺撒草木灰或生石灰等进行防潮、消毒。尽量做到笼、舍内无积粪、无臭味、无污物。

（三）做好预防接种

春季是某些烈性传染病的多发季节，特别要做好兔瘟、巴氏杆菌和魏氏梭菌疫苗、菌苗的接种工作。

（四）加强兔群检查

春季是獭兔发病率较高的季节，尤其是球虫病的危害最大。因此，每天都要检查兔群的健康情况，发现问题及时处理。对食欲不佳、腹部膨胀、腹泻拱背的兔子要及时隔离治疗，发现病死兔应集中销毁，并做好笼舍的清理、消毒工作。

（五）抓好春繁

春季气温逐渐转暖，阳光充足，是獭兔繁殖的好季节。一般兔场以繁殖两胎为宜。但因种公兔已多时没有配种，附睾中贮存的精子活力较低，畸形较多，影响受胎率和产仔率，以采用复配法为好。要特别注意观察和检查母兔的发情征状，做好适时配种，不漏配。对产后的母兔可适当安排早配种，争取春季多繁殖一胎。

(六) 抓好早晚保温

春季早晚温差大，幼兔易患感冒、肺炎等疾患，甚至引起死亡。所以要特别注意幼兔的早晚保温。

二、夏季饲养管理

夏季天气炎热，湿度大，经常出现闷热天气，獭兔因汗腺不发达，排汗散热的能力很差，全身被厚毛覆盖。由于炎热侵袭后，呼吸次数增加，食欲降低，易患疾病，尤其是仔兔幼兔死亡率较高。因此，獭兔有"寒冬易过，盛夏难养"之说，因此，在饲养管理工作上要做好以下工作。

(一) 防暑降温

高温对獭兔的生长发育和健康状况影响很大。室内兔舍应打开门窗，使空气流通，但要避免阳光直射兔笼舍。当室内温度高达30℃时，可向地面泼水降温；露天兔场要及早搭好凉棚或种植瓜类、葡萄等攀缘植物。有条件的可安装电扇或地道凉风等降温设施，驱散室内热气，也可在兔舍内放用凉水浸泡的砖头、石板、木材等，起到降温作用。

(二) 合理饲喂

夏季中午炎热，獭兔食欲不振，因此要做到早餐早，中餐精而少，晚餐饱，夜间多喂草。夏季以青绿饲料为主，在饲料中适当添加蛋白质较高的饲料，减少含能量较高的饲料。同时，为防止腹泻，要投喂些优质青干草，让兔自由采食。供清洁凉水，让兔随时自由饮用。做到饮水常换，清水不断。为防消化道疾病，可饮0.01%高锰酸钾水；为防暑解渴，可饮1%～2%食盐水；为防球虫病，可饮0.01%～0.02%稀碘水。

(三) 搞好清洁卫生

夏季蚊蝇滋生，寄生虫和病原微生物繁殖传播快，易引起疾病流行，造成仔幼兔大批死亡。阴雨天，仔、幼兔极易患肠炎和球虫病，也易引起大批死亡，应当多喂些青干草，混合饲料中可拌入切碎的洋葱、大蒜、韭菜等抗菌植物，或加喂少量木炭粉等。及时清除兔舍的粪便和污物，防止蚊蝇滋生。食盆每天洗涤1次，每周用消毒药水喷洒消毒地面1次。消毒兔笼、兔舍、粪道、粪池等可用10％～20％石灰乳。3％～5％过氧乙酸喷洒笼舍，对细菌、霉菌、病毒等都有很好的杀灭作用。

（四）加强疾病预防

夏季因兔体瘦弱，抵抗力减弱，特别容易暴发球虫病，常导致幼兔的大批死亡。预防球虫病除投喂药物（如球虫宁、克球粉、敌菌净等）外，最好实行母仔分养、定期哺乳、大小分群，以减少相互感染。

（五）防止饲料发霉

夏季气温高，湿度大，饲料极易发霉变质，应加强对饲料的保管，不喂发霉变质饲料和带泥土的饲草。每次喂料前要将上次剩下的饲料清除干净。

（六）控制配种繁殖

高温会明显影响獭兔的繁殖性能，一般成年獭兔体重要下降，母兔发情不正常，公兔精液品质低劣，出现夏季不孕现象。在无防暑降温条件的地区，凡舍温在30℃以上的时节，应停止配种繁殖，使公、母兔休息和恢复体力，同时对种公兔应采取特殊的降温保护措施，到8月下旬再集中配种产仔。

三、秋季饲养管理

秋季天高气爽，气候干燥，温度适宜。饲料充足，营养丰富，是饲养、繁殖獭兔的好季节。但秋季早晚温差大，容易引起仔兔幼兔感冒、肺炎等疾病。成年兔又进入换毛期，母兔发情率低，因此在饲养管理上要做到以下几点。

（一）抓紧配种繁殖

秋季出生的仔兔发育良好，体质健壮，成活率高。但因种兔刚度过盛夏，体质较瘦弱，且秋季日照渐短，配种受胎率较低。

因此，入秋后加强饲养管理，为了避免换毛对繁殖的影响，要抢在换毛前配种，最好在夏末秋初时使母兔配种怀胎。这样不仅秋季可繁殖，而且饲养良好的幼兔春节前即可出栏，减少因早春饲料缺乏给养兔造成的压力，降低饲养成本，增加经济效益。母兔发情率低，应加强光照，采用激素催情或性引诱催情提高母兔发情率和繁殖率。

（二）加强疾病预防

秋季温差较大是疾病多发季节，尤其是中、晚秋容易引起仔、幼兔感冒、肺炎和肠炎等疾病，严重时会造成死亡。因此，早晚应保持舍内温暖，中午应开窗通风。除应做好兔瘟、巴氏杆菌、魏氏梭菌疫苗和菌苗的接种外，还要防止球虫病的暴发。

（三）科学饲养

成年兔秋季正值换毛期，换毛期的兔子体质虚弱，食欲较差。因此，要加强营养，多喂青绿饲料，适当增喂蛋白质含量较高的精饲料，禁喂露水草、霜雪草，以及蓖麻叶、棉花叶等有毒饲料，控制萝卜叶等含亚硝酸盐较高的饲料。

四、冬季饲养管理

冬季气温低、日照短、空气干燥、青饲料缺乏，加之维持体温消耗大量热能，因此，冬季獭兔一般生长较慢，不利于各种病原微生物和寄生虫的繁殖，发病率较低，有利于獭兔的健康。

（一）加强防寒保温

獭兔怕热，比较耐寒，但其耐寒能力有一定限度，气温降至5℃以下就会感到不适。因此，冬季应做好防寒保温工作，切忌忽冷忽热，室内笼养兔要关好门窗，防止贼风侵袭，室外笼养兔应挂好草帘，防止寒风侵入。冬季养兔宜适当增加密度，仔兔、幼兔切勿单笼饲养。要经常检查产箱，防止仔兔冻伤，产箱内应多加柔软垫草。室内生火取暖时，必须设置烟筒和通气孔，防止煤气中毒，同时要预防火灾发生。

（二）加大饲料量

冬季獭兔消耗能量多，混合精料的喂量应增加 30% 左右，最好是热水拌料，还要补喂些高能饲料，如玉米面、煮熟的甘薯、马铃薯等饲料。冬季青绿饲料缺乏，为防止维生素缺乏症，每天应补饲胡萝卜、白萝卜、菜叶、豆芽菜等多汁饲料。冬天要饮用清洁温水。严禁饲喂冰冻饲料和含霜饲料，以防发生肠炎。

（三）抓好冬繁配种

实践证明，只要认真抓好防寒保温工作，冬季繁殖配种仍可获得较好的效果，尤其是仔兔、幼兔成活率高，疾病少。在实际生产中，只要做好产箱的保温工作，垫草干燥、柔软、保温性强，保持舍温在 5℃ 以上，即可获得较好的冬繁效果。

（四）投喂夜草

冬季昼短夜长，而且獭兔又有夜行性及夜间采食的特性。所以，必须特别注意投喂夜草，并增加投喂量，以提高獭兔的御寒能力。

（五）保持干燥

兔子很难承受低温高湿，獭兔具有喜欢干燥的生活习性，要求最适相对湿度为 60%。无论是在高温的夏季，还是低温的冬季或其他季节，兔舍里湿度都不能过大，湿度超过了要求范围，对兔的生长、健康等都极为不利。

（六）兔群整顿

秋末冬初应对兔群开展一次全面的整顿工作，留优汰劣。冬季是最好的宰杀取皮季节，商品兔在宰杀前应专门饲养，以提高兔皮品质。

第四节　獭兔的一般管理技术

一、捉兔方法

獭兔虽然是小动物，性情温驯，但它行动敏捷，被毛光滑，又具有防御的天性，会用牙齿和爪来防卫。在诊治过程中，稍有不慎，会被兔抓伤或咬伤。兔胆小怕惊，在捕捉时会挣扎，如果方法不当，对兔会造成不应有的损伤。

（一）错误的捉兔方法

提两耳：獭兔的两个耳朵较长，很容易捏住两个耳朵把兔提起来。獭兔的耳壳是由软骨组成的，不能承担全身重量。耳朵神经密布，血管很多，听觉敏锐。一抓耳朵，獭兔就要疼痛挣扎，造成耳根受伤，致使两耳垂落。

倒提两后腿：獭兔平时善于向上跳跃，不习惯于头向下垂。如果头朝下倒立，易发生脑充血，使头部血液循环发生障碍，甚至死亡。当提起两后腿时，兔子拼命挣扎，上窜下跳，容易造成孕兔流产、肠管扭转、破裂等。

提捉两前肢：提起两前肢，兔子也容易挣扎，另外还易被兔咬伤。

抓提腰部：易损伤内脏，身体重的兔子还会造成皮层和肌肉脱离，对生长发育均有不良影响。

（二）正确的捉兔方法

先抚摸獭兔使其安静，然后一手大把抓住獭兔后颈与两耳相连处的颈皮，轻轻提起，另一手立即托住兔的臀部以降低颈皮的拉力。或者一手抓住耳后颈皮，一手托住后躯，使重力倾向托住后躯的手上。这样既不伤害兔体，也可避免獭兔兔爪抓人。

二、獭兔的年龄鉴别

要想确切了解獭兔的年龄，只有查档案记录，在缺少记录的情况下，獭兔的年龄主要根据趾爪的长短、颜色、弯曲度、牙齿的颜色和排列、皮板厚薄等进行鉴别。通常1岁以下为青年兔，1～3岁为壮年兔，3岁以上为老年兔。

1. 青年兔　趾爪短细而平直，富有光泽，隐藏于脚毛之中；白色兔趾爪基部呈粉红色，尖端呈白色，且红色多于白色，门齿洁白，短小而整齐。皮肤紧密结实。

2. 壮年兔　趾爪粗细适中、平直，随着年龄增长，逐渐露出于脚毛之外，白色兔趾爪颜色白色多于红色。门齿厚而长，排列整齐。皮板略厚而紧密。

3. 老年兔　趾爪粗长，爪尖弯曲，有一半趾爪露出于脚毛之外，表面粗糙而无光泽，趾爪越长越弯曲，则年龄越大。门齿厚而长，呈暗黄色，时有破损，排列不整齐。皮板厚而松弛。

三、獭兔的性别鉴定

初生仔兔的性别，一般通过观察阴部生殖孔形状及与肛门之间的距离来识别，孔洞扁形而略大，与肛门间距较近者为母兔；孔洞圆形而略小，与肛门间距较远者为公兔。有人提出可根据脐部到阴部的"红线"进行识别，脐部到阴部有一条红线者为母兔，若红线断条则为公兔。

开眼后的仔兔可根据生殖器形状来鉴别其公母。一般用左手抓住仔兔耳颈部，用右手食指与中指夹住仔兔尾巴，拇指轻轻向上推开生殖器，公兔局部呈 O 形，并可翻出圆筒状突起；母兔则呈 V 形，下端裂缝延至肛门，无明显突起。这种方法简便准确，容易掌握。

3 月龄以上的青年兔，鉴别比较容易，一般轻压阴部皮肤张开生殖孔，中间有圆柱状突起者为公兔，有尖叶形裂缝朝向尾部者为母兔。中、成年兔只要看有无阴囊，便可鉴别其公、母。

四、编号方法

为了搞好獭兔的育种工作，所有种兔都必须编号。编号的适宜部位是耳内侧，编号的适宜时间是断奶前 3～5 天。目前，不少养兔场为便于区别性别，公兔编在左耳，个体号编为单数，母兔编在右耳，个体号编为双数。

打号方法：一般用专用耳号钳，先将耳号顺序插入耳号钳内固定，然后在耳朵内侧无毛而血管较少处，用碘酒消毒要刺部位，等碘酒干后涂上醋墨（墨汁中加少量食醋），再用耳号钳夹住要刺部位，用力紧压，刺针即刺入皮内，取下耳号钳，用手揉捏了耳壳，使墨汁浸入针孔，数日后即可呈现蓝色号码，永不褪色。如无专用耳号钳，也可用大头针刺上数码，针刺时以刺破表皮，血液露而不流为宜。

目前，有的耳号钳带有英文字母，常用英文字母代表某一毛色或某一公兔的后代，使用起来更为方便。不论用什么方式编刺耳号，都要做好详细记载，以便考查血统。

五、公兔去势

凡不留种用的公兔都应进行去势育肥。公兔去势后性情温驯，便于群养，可增快育肥速度，提高肉的质量，防止劣种流传等。去势方法如下。

（一）阉割法

阉割时将公兔腹部向上，用绳子将四肢分开绑在桌角上。左手将睾丸由腹腔挤入阴囊并捏紧固定，用酒精消毒切口处，然后用消过毒的刀子将阴囊切开一个小口，将睾丸挤出。防止出血过多，可采用捻转止血法。如果是成年大兔，血管较粗，可先进行结扎，然后切断精索。用同样的方法，摘除另一侧睾丸，最后在切口处涂上碘酒消毒。

实践证明，阉割法去势比较好，去势后伤口愈合得快，獭兔痛苦较小。

（二）结扎法

用上述保定方法将睾丸挤到阴囊，在睾丸下边的精索处用尼龙线扎紧。对两侧睾丸分别进行，阻碍血液流通。结扎后睾丸很快肿大，半月后逐渐萎缩、消失。

（三）药物法

用3%碘酒注入睾丸，每只睾丸注射0.5～1.0毫升。注射后睾丸肿胀，半月后睾丸逐渐萎缩消失，丧失性欲。

此法适用于性成熟、睾丸已下降到阴囊中的较大的公兔。注射时，注意将药液一定要注入睾丸正中央，防止注在睾丸外边，引起死亡。

六、妊娠检查

检查母兔交配后是否怀孕，有复配检查、称重检查和摸胎检查三种。但比较实用可靠的是摸胎检查，配种后如有胎，8～10天可以隔着腹壁摸到胚胎。摸胎时切勿将孕兔提起离地进行，也不要用力过猛，否则容易造成流产。正确的方法是：用一手抓住兔耳和颈皮，头部向内，另一手作八字形放母兔腹下，由前向后轻轻地沿腹壁摸索。如摸到像花生粒样的肉球，滑来滑去，不易捉住，就是受胎现象。15天后可摸到好几个连在一起的小肉球，20天后可摸到成形的胎儿。摸胎时要把胚胎与粪球区分开来，胚胎呈椭圆形，柔软有弹性。粪球是圆形、质硬，互相挤压，摸时感到粗糙。

第八章

兔 舍 建 设

兔舍是獭兔生活的场所，在规模笼养条件下，构成了特定的小气候环境。这种小气候环境无疑受大气候环境变化的影响和支配。兔舍内的空气环境因獭兔不停的活动和工作人员的生产活动，经常产生大量的热量、水气、灰尘、有害气体和噪声，加上室内笼养设施的关系，势必造成与外界自然环境的差异。一般舍内空气温度、湿度常比大气高，灰尘和有害气体比大气含量多，光照比舍外低。这些小环境因素时刻都影响着獭兔，适应者能正常生长发育，不适应者正常生理机能受到影响，严重者会患病死亡。所以兔舍是獭兔生存的基本条件，也是獭兔生产的必要基础。从事獭兔生产，就应根据獭兔的生活习性、所在地区的气候特点、所养獭兔品种和数量、饲养方式、生产强度及投资规模、设计和建造有利兔群健康，方便操作，符合卫生条件，有利控制疾病，科学实用和经济耐用的专用兔舍。

第一节　兔舍建筑形式

兔舍按屋顶不同，可分单坡式、双坡式、平顶式等；按通风情况不同，可分为开放式、半开放式、封闭式等。

1. 单坡式兔舍　跨度小，前面敞开，后面封闭，檐口高度应考虑夏季太阳照射角度。

2. 双坡式兔舍　跨度较大，房舍两侧可敞开，屋顶设置开窗带。

3. 平顶式兔舍　跨度较大，多为楼房建筑。每层楼房四周应开足窗户，安装排气扇和电风扇，还应考虑舍内中间建兔笼的采光问题。二楼以上的粪尿沟和室外通向地面通道处理要防漏水。

4. 开放式兔舍 四周无墙壁，屋梁、屋柱可用木、水泥、钢管制成，屋顶以双坡式为好。兔笼在舍内两边，中间为走道，两边为粪沟。舍内气候接近舍外气候。冬、夏采取保温、防暑措施。

5. 半开放式兔舍 四周有墙，墙体开门窗，屋顶开天窗。舍内可建双列式或多列式兔笼，舍内气候由门、窗和天窗调节。

6. 封闭式兔舍 兔舍四周完全封闭。舍内小气候完全靠安装自动控制设施调节。兔舍造价高，要求管理水平高。

第二节 兔舍建造

根据当地条件和特点选择兔场和建造兔舍，对于饲养管理，防疫治病，提高经济效益作用很大。

一、兔场地址的选择

兔场地址的选择十分重要，地址的选择恰当与否直接关系到獭兔生产和经营的好坏，因此，地址的选择要充分考虑以下几个方面。

（一）地势

兔场地址要选择在地势高、干燥、平坦或坡度适当，向阳背风，排水良好，地下水位低（2米以下）的地方。兔舍要面朝南或东南，地势过低和地下水位太高或背阴见不到阳光，容易造成潮湿环境，细菌和寄生虫就繁殖得快，容易造成獭兔体质下降，发生疫病，影响兔群健康。

（二）朝向

在选择兔场场址的朝向时，应注意日照与当地的主导风向。我国北方地区冬季寒冷，为了防寒，兔场场址和兔舍长轴应避免对着冬季主导风，以免影响舍内温度。南方地区夏季炎热，争取良好的自然通风是选择兔场场址和安排兔舍朝向的主要原因之一，故应使兔场场址和兔舍长轴对着夏季主导风向以得到更多的穿堂风。南方的兔场场址和兔舍朝向在全国各地都是较为适宜的，在冬季可获得较多的日照，夏季能避免过多的日射，并有利于自然通风。还要注意由于当地环境引起局部空气温差，致使空气流动而形成的地方风（如山谷风、河谷风等）的影响，要注意避免把兔舍设在气流形成涡流的地方。

（三）水源、电

一个理想的兔场地址，必须有清洁充足、水质良好的水源（泉水或自来水最好），以保证供应獭兔的饮水，清洁卫生用水，饲料种植及生活用水，必须有电源保障，可经济合理地解决全场照明和生产生活用电。

（四）交通、位置

獭兔场应选择在交通方便的地方，并与公路、铁路、村庄保持一定距离，因兔子胆小怕惊吓，一般距离交通要道200米，一般道路100米，周围无畜禽加工厂、化工厂及车站、港口等。因为这些地方过往的车辆、牲畜和人员频繁，容易传染疾病，噪声大又易使獭兔受惊吓。

獭兔场应选择在居民区的下风向，并保持一定距离，以500米为宜，不要选择临近城市或人群聚居地，对于居民区的环境卫生和獭兔的卫生防疫工作都有很大好处。人往往是传染病的媒介，常常把细菌带进兔场，造成经济损失。

农户小规模养殖獭兔舍应与住户保持一定距离，6～8米为宜，人兔分开。

（五）土质

适于建造兔场的土质应该是透气、透水性强、毛细管作用弱，吸湿性和导热性小，质地均匀且抗压性强的土壤。因此，兔场的场址以选择在砂质土壤地为理想。

（六）兔场场址

兔场周围还要有一定面积的土地用作兔用饲料生产基地。

二、兔场布局

兔场布局一般包括生产区、生活区、饲料加工区、牧草种植区、办公区、粪尿处理区、尸体处理区、隔离带。安排这些区的基本原则是：保证安全、减少疾病传播、有利生产。

（一）生产区

生产区是兔场的核心区，包括繁殖兔舍、后备兔舍、育成兔舍和隔离兔舍。繁殖区应设置在兔舍的上风向，隔离区设置在下风向，生产区周围应建 2.5~3 米高的围墙，并设门卫值班室。

（二）生活区

一般单独分区设立，是兔场职工生活的区域，由于人员来往较多，应与生产区分开设置，但不宜相距太远。生活区与生产区之间应设有隔离带，人员由生活区进入生产区必须消毒、更衣。

（三）饲料加工区

包括饲料仓库、加工房及饲草晾草棚，设在兔场一角，饲料加工区应与生产区分开，既要方便饲料运输，又要与生产区保持一定距离。加工房距离生产区 100 米为宜，晾草棚靠近兔舍为宜。

（四）牧草种植区

远离尸体处理区和粪尿处理区、建植多年生牧草区、一年生牧草区、多年生和一年生饲草轮作区。

（五）办公区

包括办公室、会议室、车库、厕所、培训中心、实验室等，应与兔舍保持一定距离。

（六）粪尿处理区

应建在兔舍下风的围墙外，粪尿分开处理，粪便堆积发酵，尿水和残粪经化粪池处理后排放，有条件的地方可建沼气池。粪便运输通道要与外界交通道路相连。

（七）尸体处理区

建化学处理池和尸体焚烧坑，靠近兽医诊断室，建在生产区下风向，地势较低的地方。

（八）隔离绿化带

兔舍与兔舍之间，种植常绿树木，办公区和生活区应设立公用绿化带。

第三节　兔舍建筑

一、兔舍建筑的基本要求

建筑良好的兔舍，在设计和建筑上要按照獭兔的生物学特性和不同时期的生长发育特点进行建造。

（1）因地制宜，就地取材，不要千篇一律地使用建筑材料，只要符合獭兔的生活习性，又要合乎生理特点就行，做到经济实用，有利于饲养管理操作。

（2）兔舍向阳，光线充足。朝南或朝东南，以保证光线充足，使獭兔正常生长发育。

（3）地势干燥，排水良好。兔舍内外要有排水设备，经常保持清洁、干燥，不使尿液、污水滞留而污染环境，引起獭兔疾病。

（4）冬暖夏凉，通风良好。獭兔怕热、怕湿、怕脏、怕寒冷，兔舍要能防雨、防潮、防暑、防风、通风透光，冬暖夏凉，冬季易于保温，夏季空气流畅。

（5）兔舍与兔舍间距一般要求8～10米。

（6）兔舍屋顶起挡风、遮阳、防雨、保温的作用，因此，建兔舍时应选隔热、不透水，屋顶可用稻草、麦秆、石棉瓦、小青瓦制作。确定适宜厚度，屋顶可设计成钟楼式，坡度不低于25%。兔舍高度以3～3.5米为宜。

（7）兔舍墙体，多用砖砌成，以空心墙最好，内壁用水泥抹平，墙壁粉刷石灰浆，这样既保温，又可防兽害，墙下部设进气孔，墙上部设排气孔，有利于通风换气。

（8）兔舍地面要求坚实、平整、不透水，耐冲刷，防潮。目前，各地兔场多采用水泥地面。舍内设有低于地面的排水沟和排粪沟，以利于清扫和排粪。

（9）兔舍门要结实、保温、防兽害、便于人车出入，主门一般高 2 米，宽 1.5 米；侧门高 2 米，宽 1 米。窗应有利于通风和采光，一般为 1.5 米×1.5 米或 1.5 米×1.8 米，窗台距离地面高度 1 米；地脚窗 30 厘米×40 厘米，安装铁丝网。

（10）兔舍的容量大、中型兔场，每幢兔舍内饲养成年兔 100～200 只或商品兔 400～500 只为宜。为便于防疫，可分隔成小区，每区以养 100 只为宜。每个饲养员定额饲养管理 100～150 个笼位较为适宜。

二、兔场设备

兔笼、草架、饲槽、饮水器、产仔箱、保温柜等都是獭兔生产中不可缺少的设备。

（一）兔笼

建造合理的兔笼，能使獭兔正常生长发育，配种繁殖。如果兔笼不适当，则影响兔生长繁殖，且易患传染病。因此，兔笼建造是否合理，关系很大。

兔笼的建造要求造价低，经久耐用，便于操作和洗刷、消毒。

（1）兔笼的规格　兔笼的大小要有一定的标准。过大，浪费材料；过小，则使獭兔在笼内没有活动的余地。繁殖母兔和种公兔笼宽 70～75 厘米，笼深 65～70 厘米，笼高前檐为 45～50 厘米，后檐为 35～40 厘米。幼兔笼宜适当大些，便于群养，商品兔笼的尺寸宜小些。

（2）兔笼壁　笼壁一般可用砖块或水泥板砌成，也可用竹片、网眼铁皮钉成，无论何种材料，要求内壁必须光滑，既可避免损伤兔体，又易于清扫。室内兔笼壁要有空隙，空隙不要太大，以免遭鼠害。空隙太小，不利于通风透光。

（3）兔笼门　兔笼门开在兔笼的前面，左右相连，右方启闭，便于操作。门面可用竹片、木板、铁丝等制成，安装要紧闭、灵活。室外笼养的笼门不宜过大，以防冬季寒冷或夏季风雨侵入。

（4）笼底板　笼底板是兔子直接接触的地方，要求牢固、光滑。兔笼底板要求活动式的，便于取下消毒和洗刷。要求兔粪易漏下，獭兔行走方便。厚薄要适中，每根宽 2 厘米，间隔 1 厘米。笼底板是建笼的关键，是预防獭兔疾病的重要措施。

（5）承粪板　承粪板一般多用水泥预制件，在多层兔笼中，承粪板也是下层兔笼的笼顶，前缘应伸出笼外 8～10 厘米，后缘应伸出 20～25 厘米，安装时应向后壁倾斜，倾斜角度为 15°左右。

（6）笼顶　顶层笼顶用木板、竹板制成。如果是多层笼养，室内笼顶除顶层外，其他各层的笼顶要结实、不漏水，前檐高、后檐低，便于粪尿漏下。

（7）兔笼叠放　层叠式的兔笼应每层上下对齐，一般为 3 层，上下层间设承粪板，粪尿直接落入地面粪沟内。阶梯式叠放，即上层兔笼比下层兔笼向内缩进一个兔笼深度，各层之间无需承粪板，粪尿直接落入粪尿沟。这两种方式的优点是能经济有效地利用兔舍面积，但从饲养效果来看，叠放层次不宜过多。多层次兔笼饲养密度大，舍内环境卫生难以保证，对獭兔健康不利。

（二）草架

用木条、铁丝、竹片制成楔子形，以铁丝材料为宜。上口宽 12～15 厘米，长度 26～30 厘米，高度 20～25 厘米，间隙 1～1.5 厘米。

（三）食槽

用铝铁皮制成马蹄形，底前部为弧形，长度为 7～8 厘米，斜度长 2～3 厘米，伸出笼外部分 5～6 厘米，宽度 9.5 厘米，安装在笼门活动柱上；也可用陶土制成口径为 14 厘米、高度 8 厘米的陶瓷食缸；还可用废弃的罐头盒制作。

(四) 水槽

最好选用自动饮水器，以乳头式为宜。安装高度育成兔离笼底板 15 厘米，仔、幼兔离笼底板 10 厘米。日常检查漏水情况。也可选用陶瓷、瓦钵或罐头盒。

(五) 产仔箱

可用木板、塑料、铁皮制作。若用铁皮制作，边缘要光滑，底部要钻 3~5 个小孔。若用木料制作，厚度 1 厘米即可。规格长 40 厘米，高度 13 厘米，宽度 26 厘米。

(六) 保温柜

用三层板或 1 厘米厚木板制作。长度 135 厘米，高度 80 厘米，宽度可根据舍内过道预留宽度确定，可采用 35 厘米或 65 厘米。

三、笼具安装

1. 单列式安装 兔舍跨度在 2.5 米左右，设走道 1.2 米一条，粪沟 0.6~0.8 米一条。

2. 双列式安装 兔舍跨度 4 米左右，宜选用面对面式安装，中间设走道 1.2 米，两边设粪沟宽 0.6~0.8 米。

3. 多列式安装 兔舍跨度 8 米左右，设 1.2 米走道两条，靠墙两边；中间 1.5 米走道一条。1 米粪沟两条，两组背靠式摆放。

第四节 獭兔舍和笼具消毒

一、物理消毒

(一) 清扫洗刷

每天按照獭兔饲养日程，及时清扫，排除粪尿等污物。洗刷笼具，可清除大量病原微生物及其赖以生存的物质基础。

(二) 阳光暴晒

兔用产仔箱、垫草、笼底板、食槽等用具清洗后，阳光下暴晒 2～3 小时或更长时间，可杀灭大部分普通病原菌。

（三）紫外线消毒

主要用于兔舍入口通道消毒。人进入场区前，停留 5～10 分钟，可杀灭人体大量病菌。

（四）火焰消毒

火焰，尤其是喷灯火焰，温度可达 400～600℃，对兔笼和部分笼具消毒效果好，但要注意防火。

（五）蒸煮消毒

兔舍医疗器械、工作服等 蒸煮 30 分钟，可杀灭一般的病原微生物。

二、化学消毒

适用于兔舍墙体、地面、笼具、排泄物、舍内空气、兔体表等的消毒。通常选用合适的消毒药，采用喷洒、浸泡、熏蒸等方式。

三、发酵消毒

通常用于兔舍排泄物的消毒，通过收集粪便堆积发酵，可杀死大部分粪便中寄生虫卵。

第五节　兔舍环境与调控

兔舍是獭兔生活的场所，兔舍环境对于獭兔的生长发育、产毛、健康、繁殖有着密切关系，影响兔舍环境的因素很多，如温度、湿度、通风、光照、有害气体、噪声、灰尘及绿化等。

一、影响獭兔的环境因素

（一）温度

獭兔是恒温动物，平均体温 38.5～39.5℃。为了维持正常体温，獭兔必须随时调节它与环境的散热和自身的产热。气温越高，体内产热越难向外散发，这时獭兔不得不减少产热，引起食欲下降、消化不良、繁殖困难等。而气温越低，又要增加自身的产热，这不仅会消耗较多的营养物质，还可能使獭兔抵抗力下降，容易患病。

对獭兔适宜的环境温度要求是：仔兔为 30～32℃；幼兔为 20～25℃；成年兔为 15～20℃。生产实践证明，成年獭兔在高温 30℃ 以上，会降低獭兔的受胎率，增加胚胎死亡率，也会导致獭兔采食量减少，生长发育受阻，生产下降，低温 5℃ 以下，必将引起较低的饲料报酬，对育成率也有不良影响。

（二）湿度

獭兔喜欢干燥，厌潮湿。潮湿的环境易使獭兔患病，一般獭兔适宜的相对湿度是 60％～65％，不超过 80％，也不低于 55％。近地面或近天花板水汽多、湿度大，舍中央水汽少、湿度小。因此，兔笼的安置应与地面保持一定的距离，以利防湿。

湿度往往伴随着温度对獭兔产生影响，高温、高湿和低温、高湿对獭兔都有不良的影响。高温、高湿会抑制獭兔散热，容易引起中暑。低温、高湿又会增加散热，并使獭兔有冷的感觉，特别是幼兔更难以忍受。如笼底网潮湿不堪，引起腹泻，污染被毛，为疥癣蔓延、湿疹提供有利条件。如果兔舍过于干燥，相对湿度在 55％ 以下，会引起呼吸道膜干裂，也会引起细菌、病毒的感染。

（三）通风

通风可以更新兔舍空气，排除过多的水分、热量和有害气体。兔舍通风的基本要求就是要使整个兔舍内气流速度均匀稳定，既无死角和局部气流"短线"，也不能有贼风；要维持兔舍内适中的气温和空气新鲜，防止气温的剧烈变化、兔舍内有害气体浓度偏高和湿度过大，采用机械通风时，入舍气流的流向不能使兔群直接受风。前后兔舍间的排风口或进风口应安置在相对两侧，以防止兔舍内污浊空气排出后又经另一兔舍进气口进入舍内而产生危害。

通风对笼养兔极为重要。因为笼养兔多采用高度密集饲养。通风可更换笼舍内的空气，调节兔舍内的湿度，有利于保持兔舍的干燥环境。在高温时，增加通风，有利于獭兔的散热；在低温、低湿时，增加通风，会使獭兔产生冷的感觉，并产生不良影响。成年兔被毛浓密，对低温有一定的抵抗能力，所以，通风对其影响不大，但对仔兔和幼兔，则应注意冷风的袭击，特别是要防止贼风的侵袭。

（四）光照

光照是兔舍小气候的重要因素，它能促进獭兔的各种生理活动。獭兔是夜行性动物，不需要强烈的光照，光照时间也不宜过长。光照对獭兔虽没有对温、湿度那样敏感，但在强光环境下会使獭兔的健康受到影响，光照不足，则对繁殖母兔影响极大。持续光照超过 16 个小时，将引起公兔睾丸重量减轻和精子数减少。适宜的光照时间，公兔每天为 12～14 小时，繁殖母兔每天为 14～16 小时，育肥兔每天为 8 小时，仔、幼兔需要光照较少，一般弱光照 8 小时即可。

（五）有害气体

粪尿及污染的垫草在一定温度下可散发出氨、硫化氢和二氧化碳等有害气体，獭兔对这些气体特别敏感，而且对獭兔健康影响极大。1 米^3 空气中含氨 50 厘米^3 可使獭兔呼吸频率减慢，流泪和鼻塞，10 厘米^3 会使眼泪、鼻涕和口涎显著增多。一般兔舍有害气体的允许浓度标准为：氨每立方米小于 30 厘米^3，硫化氢每立方米小于 10 厘米^3，二氧化碳每立方米小于 3 500 厘米^3。

（六）噪声

噪声是重要的环境因素之一。据试验，突然的噪声可导致妊娠母兔流产，哺乳母兔拒绝哺乳，甚至吃掉仔兔等严重后果。

噪声的来源主要有三个方面：一是外界传入的声音；二是舍内机械、操作产生的声音；三是獭兔自身产生的采食、走动和争斗声音。獭兔如遇突然的噪声就会惊慌失措，乱蹦乱跳、蹬足嘶叫，导致食欲不振，甚至死亡等。

为了减少噪声、兴建兔舍一定要远离高噪声区，如公路、铁路、工矿企业等，尽可能避免外界噪声的干扰；饲养管理操作要轻、稳，尽量保持兔舍的安静。

(七) 灰尘

空气中的灰尘主要有风吹起的干燥尘土和饲养管理工作中产生的大量灰尘，如打扫地面、翻动垫草、分发干草和饲料等。

灰尘对獭兔的健康和兔毛品质有着直接影响。灰尘降落到兔体体表，可与皮脂腺分泌物、兔毛、皮屑等黏混一起而妨碍皮肤的正常代谢，影响兔毛品质；灰尘吸入体内还可引起呼吸道疾病，如肺炎、支气管炎等；灰尘还可吸附空气中的水汽、有毒气体和有害微生物，产生各种过敏反应，甚至感染多种传染性疾病。

为了减少兔舍空气中的灰尘含量，应注意饲养管理的操作程序，最好改粉料为颗粒饲料，保证兔舍通风性能良好。

(八) 绿化

绿化具有明显的调温、调湿、净化空气、防风防沙和美化环境等重要作用。特别是阔叶树，夏天能遮阳，冬天可挡风，具有改善兔舍小气候的重要作用。

根据生产实践，绿化工作搞得好的兔场，夏季可降温 3～5℃，相对湿度可提高 20%～30%。种植草地可使空气中的灰尘含量减少 5%左右。因此，兔场四周应尽可能种植防护林带，场内也应大量植树，一切空地均应种植作物、牧草或绿化草地。

二、獭兔对环境影响的反应

獭兔对环境影响的反应十分敏锐。究其原因，是獭兔来源于野兔，驯化较晚，驯养至今，野生印记较深。野兔胆小，神经锐敏，动作灵活，听觉、视觉、嗅觉均发达，缺乏主动进攻能力，总处于防御状态。因此，对环境的变化，有高度的警觉性。当我们用手触碰刚出生的仔兔时，有的母兔十分不安，表现出边嗅、边看、边听等动作，甚至用爪翻扒巢箱内的垫草，拒绝哺乳。有的母兔则几乎表现出若无其事的样子。所以，在平常饲养管理中，要根据獭兔的行为及生理特性，千方百计减少环境应激的影响。

獭兔对环境变化的反应表现有两种：一种是顺应，另一种是反抗。比如，在兔舍安装排风扇的初期，感到不安，但数日后完全适应，而无不良反应，说明獭兔适应了这种较弱的噪声刺激。若噪声强度过大，如放鞭炮的声响刺激，最初引起獭兔惶恐不安，四处逃窜，造成大批流产。又如将妊娠母兔放在0℃环境产仔虽可分娩，但仔兔多被冻死，即使该兔长期生活在0℃环境，其产出的仔兔成活率仍很低。这说明獭兔自我调整能力有限，祖代遗传下来的习性很难短期内改变。

三、不良环境对獭兔的危害

(一) 不良环境对獭兔的直接危害

不良环境的刺激可直接影响獭兔的生产力。如粗糙不平的笼底网，可磨掉兔足底毛，而使皮肤发炎，出现疼痛，血液外渗，细菌侵入、溃烂，使獭兔采食下降，膘情变坏，体重减轻，甚至死亡。

(二) 环境刺激引起肾上腺素变化

环境的变化不同程度地改变獭兔的生理状态、新陈代谢和激素分泌等，环境变化越大，时间越长，影响也越大。獭兔对环境刺激的应激反应表现惊恐，甚至休克。在应激反应中，兔的机体内肾上腺素增加，而影响到兔子的防御能力。会受到寄生虫、微生物侵袭。

(三) 危害与刺激是相互起作用的

如北方冬季寒冷而干燥，易使獭兔上呼吸道黏膜表面干燥，出现裂口，病原微生物易侵入，使兔患呼吸道疾病。弱冷空气刺激能使獭兔呼吸道分泌黏液，提高机体抗感染的能力。又如夏、秋季节，门窗开放，在通风良好的情况下，即使兔群中有巴氏杆菌带菌者，几乎不表现发病症状，也不会传染扩散；但遇到寒冷、门窗紧密、通风不良时，则巴氏杆菌造成的症状明显，并且逐步扩散开来。

四、兔舍环境调控

(一) 温度的调控

1. 兔舍的人工增温　寒冷地区进行冬繁冬育难以达到理想温度，应给兔舍进行人工增温。

(1) 集中供热　地处寒冷地区的工厂化养兔或种兔场进行冬繁，可采用锅炉或空气预热装置等集中产热，再通过管道将热水、蒸气或热空气送往兔舍。

(2) 局部供热　在兔舍中单独安装供热设备，如锅炉、热风、电热器、保温伞、散热板、红外线灯、火炉、火墙等。

(3) 天然温泉供热　我国有的地区有温泉，水温高达 80℃，这种天然热源用来为养兔供热，十分经济。

另外，设立单独的供暖育仔间、产房等，也是有效而经济的方式之一。

2. 兔舍的散热与降温

(1) 兔舍隔热　夏季气温高，太阳辐射强，舍外的热量主要是通过兔舍的门窗、墙壁和屋顶传入舍内。因此，必须注意兔舍结构的隔热，特别是对屋顶或笼顶一定要采取隔热措施。兔舍的墙壁应为浅色，最好为白色，这样可以减少太阳对兔舍的辐射热。

(2) 兔舍遮阳　可加宽屋檐、搭凉棚、植树、种植攀缘植物、挂窗帘、窗外设遮阳板等。据观察，气温为 33℃时，在大树下的兔舍仍凉爽舒适，而无遮阳的，都热得很厉害。但这与舍内采光、通风有一定矛盾，所以应全面考虑，妥善处理。

(3) 兔舍通风　这是兔舍防暑降温的一项主要措施，兔舍通风不仅能驱散舍内产生和积累的热量，还能帮助兔体散热，以缓和高温对兔的不良影响。在舍内空气比较干燥时，可采用湿式冷却降温。也可采用开窗、靠自然风力，舍内外温差加强对流散热，达到通风散热的目的。兔场的场址应选择在开阔之地，建筑物之间须有较大距离，两排兔舍的距离应为兔舍高度的 1.5～2 倍。兔舍的方位应根据当地夏季的主风向确定，一般为南向为好。当自然通风不能满足要求时，可利用机械通风。

（4）兔场绿化　兔场周围种植树木、牧草或饲料作物等，覆盖地面，是缓和太阳辐射、降低环境温度、净化空气、改善小气候的主要措施。

（5）洒水　水的蒸发可达到降温目的。利用地下水或经冷却的水喷洒，降温效果更好。据试验，水温比气温低 15～17℃ 时，可使气温降 3～5℃。

（6）喷雾冷却法　将低温水在舍内呈雾状喷出进行降温。笼内放湿砖、湿木头等也能达到降温目的。这几种方法只能在室内空气干燥、通风良好的情况下使用。

（7）降低饲养密度　兔体不断地向周围散发热量，每只兔都是一个热源。降低舍内的饲养密度，就等于减少了热源，这对缓和高温的不良影响有好处。

（8）合理配合饲料　饲料要求全价，蛋白质含量充足，以部分脂肪代替部分碳水化合物，降低碳水化合物的喂量，这样可以减少兔体散热量。

（9）供给充足饮水　饮水要清洁、温度低，最好饮用井水，现打现用，有利于兔体散热。

（10）控制配种　这是减少兔体产热和减轻兔体散热负担的重要措施。母兔妊娠以后，体内的物质代谢加强，产热量也相应增加，从而加重了兔体热的负担。因此，在高温季节不要配种繁殖。

南方广大地区夏季炎热，持续时间又长，所以养兔场户必须十分重视夏季防暑降温工作，只有把防暑降温工作做好了，才能有利于兔的生长发育，确保兔的体质健康。

（二）湿度的调控

獭兔是喜偏湿的动物，尤其在 20～25℃ 时，对高湿度的空气有较强耐受力，一般不发病。我国南方多雨季节，空气相对湿度达90％以上，獭兔能较好地生存，当然南方气温较高、温差小亦是一种缓冲作用。为了防潮，对兔舍应采取以下干燥措施。

1. 坚持打扫卫生　兔粪、尿要及时清除出兔舍，最好每天打扫两次，笼下的承粪板和舍内的排粪沟都要有一定的坡度，使粪、尿及时从舍内清除。

2. 撒吸湿性物质　在梅雨季节或连日下雨时，空气的湿度很大，可在舍内地面撒干草木灰或生石灰等吸潮。在撒吸湿物之前，要把门窗关好，防止室外的潮气进入室内。

3. 舍内控制用水　舍内地面和兔笼尽量不要用水冲洗，最好是做成水泥地面，防止地面水气蒸发在兔舍内。兔的饮水盆或自动饮水器要固定好，不要被兔拱翻或损坏，以免弄湿兔笼舍。

4. 适时关开门窗　舍内温度高、湿度大、闷气时要多开门窗通风；天气冷、下大雨、刮大风时关好门窗，防止凉风侵袭，雨水浸入舍内。

5. 保持良好通风　獭兔每小时所需的空气量，按其体重计算，每千克活重是 $2\sim3$ 米^3。根据不同的天气和季节情况，空气的流通要求每秒钟 $0.15\sim0.5$ 米。空气的转换情况取决于舍内的干湿度、粪和尿的积存厚度与时间。总的原则，兔舍内湿度大、氨气浓时要加速通风。

（三）通风控制

通风换气是兔舍设计的重要项目。因为兔舍内兔群高度密集，呼出的气体及排出的粪便很快会污染周围环境的空气，对兔体产生不利影响。通过通风，可排出过多的水气，维持适中的气温，清除空气中的微生物、灰尘及舍内产生的氨气、硫化氢、二氧化碳等有害气体及臭味，防止水气在舍壁表面凝结，使舍内气流均匀、稳定，给兔创造一个良好的生活环境。

通风分自然通风、机械通风和混合式通风。在我国南方，多采用自然通风。即主要靠打开门窗或修建开放式、半开放式兔舍，达到通风换气的目的。但在炎热的夏季，为加强通风散热，常辅以机械通风。在北方温暖季节，主要靠自然通风。但在寒冷的冬季，为了保温，关闭门窗，靠自然通风不能保证应有的换气量。因此，应设置特殊的换气装置。

自然通风适用于小规模兔场，比较经济。在兔群密度不大的情况下实施有效。但在舍内温度高、而舍内空气又不流通的情况下，对大规模、高密度的兔舍不适用。

机械通风，又称动力学通风，适于机械化、自动化程度较高的大型兔场。它又分正压通风、负压通风和联合通风。

正压通风是指风机将舍外新鲜空气强制送入舍内，使舍内压力增高，舍内污浊空气经风口或内管自然排走的换气方式。正压通风的优点是：可对进入的空气进行加热、冷却或过滤等预处理，有效地保证舍内适宜的温、湿状况和清洁的空气环境，在严寒和炎热地区适用，但其造价高，管理费用也大。

负压通风又叫排气或通风。是通过风和抽出舍内污浊空气，使舍内气压相对低于舍外，新鲜空气通过进气口或进气管流入舍内而形成舍内外空气的交换。负压通风比较简单，投资少，管理费用低。因此，被多数兔场采用。

联合式通风，即同时用风机进行送气和排气，适于兔舍跨度和长度均较大的规模兔场。

设计兔舍时，应根据当地具体情况，选择合适的通风方式。

（四）光照调控

兔舍采光一般采用自然光照为主，人工光照为辅。兔舍采光值的大小，以光照系数表示，即窗户的采光面积与兔舍地面面积之比，一般以 1∶10。光线入射角不低于 30° 的设计要求，窗户下缘距离地面的高度一般为 80～100 厘米，在下缘高度一定的条件下，要达到射角 30° 的设计要求，只有加高窗户上缘高度，以利采光。窗户与窗户之间间距宜小，以保证舍内采光的均匀性，例如，窗间距离 50 厘米，两窗间靠墙处的光照为 55 勒克斯；窗间距离 125 厘米，就只有 35 勒克斯。可见，窗间距离越大，舍内光照越不均匀。在实践中，有采用通长窗的，即兔舍一侧墙壁设一长形通窗。这种窗户采光和通风效果都好。

除自然光照之外，还需要人工光照作补充，以保证舍内一天不少于 14～16 小时的光照时间。

光照强度以每平方米兔舍面积 4 瓦为宜。普通兔舍可以门窗供光，一般不需补充光照。供光多用 25～40 瓦白炽灯或 40 瓦日光灯。灯泡或日光灯距地 2 米左右悬挂。灯泡之间距离为其高度的 1.5 倍。这样，每平方米兔舍地面面积的光照为 2.4～4 瓦。

（五）有害气体控制

通风是控制有害气体的关键措施，如开放式兔舍，在夏季可打开窗自然通风，冬季靠通风装置加强换气；封闭式兔舍完全靠通风装置换气，但应根据兔场所在地区的气候、季节、饲养密度等严格控制通风量和风速。通风量过大、过急，或气流速度与温度之间不平衡等，同样可诱发兔的呼吸道病和腹泻等。

先测定舍内温度、湿度，再确定风速，控制空气流量。精确控制需通过专用仪器测算，亦可通过观察蜡烛火焰的倾斜情况来确定风速：倾斜 30°时，风速约每秒 0.1～0.3 米，60°时每秒 0.3～0.8 米，90°时每秒则超过 1 米。兔体附近风速不得超过每秒 0.5 米。

通风方式分自然通风和动力通风两种。为保障自然通风畅通，兔舍宽度不宜过宽，以不大于 8 米为好，空气入口除气候炎热地区应低些外，一般要高些。在墙上对称设窗，排气孔的面积为舍内地面面积的 2%～3%，进气孔为 3%～5%，每平方米饲养活重不超过 20～30 千克。动力通风多采用鼓风进行正压或负压通风，负压通风指的是将舍内空气抽出，将鼓风机安装在兔舍两侧或前后墙，是目前较多用的方法，投入较少。舍内气流速度弱，又能排除有害气体。由于进入的冷空气需先经过舍内空间再与兔体接触，避免了直接刺激，但易于交叉感染。正压通风指的是将新鲜空气吹入，将舍内原有空气由排气孔排出。先进的大型兔场装设鼓风加热器，即先预热空气，避免冷风刺激，效果很好。无条件装设鼓风加热器的兔场，可选用负压方式通风。

此外，在控制有害气体时，还需要及时清除粪尿，减少舍内水管、饮水器的泄漏，经常保持兔笼底网的清洁干燥。

第九章

兔病预防措施及常用技术

獭兔的疾病种类很多，常见的有传染病、寄生虫病、内科病、产科病、中毒病和代谢病。危害最大的是传染病和寄生虫病，这些病往往会造成兔群大批死亡。为了保障獭兔业的健康发展，一定要坚持科学合理的饲养管理，坚持防重于治的原则，逐步消灭和控制獭兔的各种疾病。

第一节　预防措施

（一）提供良好的饲养环境

在建场时应注意兔舍要通风良好、温度适宜、光线充足、地势高燥、交通方便。良好的通风条件，可以减少呼吸道疾病的发病率，如鼻炎、肺炎等。春、夏季要能通风遮阳，以降低舍内温度，通风好可以减轻中暑的发病率。冬季要能保温。最适宜养兔的温度范围是15～25℃，最低温度应高于0℃，最高温度不超过32℃。长时间高温，公兔性欲减退，母兔受孕率下降，秋繁时易出现种公兔不育现象。兔笼应大小适宜，笼地板应平整光洁，缝隙大小合适。若笼门不好或隔网间隙过大，小兔经常出笼，易造成系谱混乱，发病率、死亡率增加。如果笼底板不适宜，脚皮炎、骨折、八字脚等发病率大大增加。总之，兔场设施、设备建设的好坏，对兔场兔群今后的健康卫生影响较大，建场之初搞好基础建设非常重要。

（二）科学配料，合理饲喂

根据獭兔的生理特性，科学合理地配合好饲料，可以减少胃肠道疾病的发病率，提高生长速度，增强抗病能力。缺少青绿饲料时，必须在饲料中添加足够的多种维生素。饲料中要注意能量、粗蛋白、粗纤维、钙、磷、氨基酸的平衡供应。适当地在饲料中添加抗病健体的添加剂。在青绿饲料充裕时，应以草为主，适当补充精饲料。此外，饲料的原料必须合格，所有霉变的原料一律废弃，否则会对全群兔的健康造成危害，引起腹泻、霉菌毒素中毒等疾病。健壮獭兔的身体免疫效果好，抗病力强，有助于抵抗多种疾病的侵袭。体质虚弱的兔子易患多种疾病。

在饲喂过程中，分别不同对象区别对待。断奶的幼兔应供给优质的易消化饲料，且应限量饲喂，一般喂七八成饱。根据生长发育情况，逐步增加喂量。促使母兔多产奶，喂养好小兔，少发生乳房炎。种公兔不宜多喂，以防过肥，影响性欲。青年兔则以青、粗饲料为主，适当补充精饲料。

（三）搞好清洁卫生，消毒防病

每天清扫粪尿，特别是气温较高及冬天通风不良时，舍内粪尿易发酵产生较多的氨气等有毒气体，加之灰尘较多，影响兔的健康。应将粪尿清出兔舍，堆放到远离兔舍的地方。晴好天气时可用水适当冲洗兔笼、兔舍。经常清洗食槽、水槽，定期消毒。高温季节喂水拌料时应防止饲料变质，应少拌料、勤添加。产仔箱每次更换后应清洗、消毒。产仔箱中的垫草也应晒干，清洁不霉变。

严禁外来人员随意入场。兔场大门口及各兔舍门口均应设消毒池，保持消毒药液长期有效。对收购兔毛、兔皮、兔肉的人员一律不许入场。场内人员的工作服要经常清洗消毒。不到疫区引进种兔。严格执行消毒制度。

（四）不同年龄兔的饲养管理

獭兔在一生的不同阶段，其营养需求和管理是不尽相同的。因此，不同时期的獭兔要采取不同的饲养管理方法。

1. 仔兔 从出生后到断奶期间的兔叫仔兔，此时以母乳为主，所以要特别注意母兔泌乳的质量与数量，否则会引起仔兔营养不足，影响生长发育。产箱要冬暖夏凉、清洁、干燥、卫生，箱壁要光滑，以免造成母兔仔兔外伤。垫料宜短、柔软。经常注意检查母兔乳房，以防仔兔食入患有乳房炎的乳汁而发病。15日龄左右仔兔开始吃料，此时应单独给仔兔喂易消化、适口性好的饲料，并补充清洁的饮水，严防采食过量，引起消化不良。同时要每天清除笼具中的粪尿，保持清洁干燥，定期消毒，防止发生球虫病等。

仔兔进入断奶期后，由于吃奶为主过渡到以饲料为主，这个时期是影响仔兔成活率的关键。因此，除加强管理、注意卫生外，应喂给营养丰富易消化的饲料，并逐步达到正常的日粮标准。

2. 幼兔　从断奶到 3 月龄为幼兔，此期发育快，采食量大，机体代谢旺盛，需要喂给富含蛋白质又易消化的饲料，严禁喂给腐败变质的饲料。对于幼兔喜爱吃的幼嫩青草，一定要限量喂给，逐渐增加。并根据幼兔的日龄和体质强弱分群饲养，注意夏季通风降温，冬季保暖防寒，雨季防潮，以及兔舍、兔笼与用具的清洁卫生。

3. 青年兔　3～6 月龄的兔为青年兔，此时公、母兔应分开饲养，防止早配。公兔单笼饲养，以防相互殴斗咬伤。青年兔代谢旺盛，采食量大，应喂给优质干草与青绿多汁饲料，适当补充蛋白质饲料。

4. 怀孕母兔　要保证受孕母兔足够的营养，严禁喂给质量不良的饲料。在怀孕中后期不要捕捉、拔毛，避免各种异常响声和惊扰刺激。有沙门氏菌引起流产的兔场，母兔在怀孕初期应接种沙门氏菌灭活菌苗进行预防。产前要彻底消毒兔笼、产箱。产后及时除去污物与粪尿。喂给清洁饮水及鲜嫩、易消化的青绿饲料。母兔产后 2～3 天内应减少精料喂量，以防因幼兔吃奶量少而导致乳房炎的发生。

5. 哺乳母兔　母兔的哺乳期一般为 28～42 天。此期除保持兔舍、兔笼清洁干燥，环境安静，饲料清洁、新鲜、多样化、易消化吸收及适口性强外，还应根据母兔产后天数、食欲、哺乳仔兔数及乳汁的质与量，决定饲喂量。泌乳量高的母兔要防止乳汁蓄积而导致乳房炎。泌乳量少的母兔要防止仔兔咬破乳头而引起感染性乳房炎。

6. 种公兔　种公兔要一笼一兔，以防互相咬斗。公兔笼与母兔笼要保持较远的距离，以免异性气味的刺激，造成公兔不安，消耗精力，影响性欲。兔笼底板要光滑，经常消毒，保持清洁，防止发生生殖器官疾病。种公兔在春季换毛季节，有的因其体质较差，最好停止配种。配种前必须检查公、母兔外生殖器，以防因配种而受到感染。成年公兔每日可以交配1～2次，连续2天，休息1天。配种要按计划进行，防止兔群品质退化。

（五）不同季节的饲养管理

春季气候多变，又是配种季节和獭兔剪毛期，故除注意幼兔和剪毛兔保暖防寒外，尤其要防止生殖器官疾病的发生。春季鲜嫩青草多，要防止獭兔贪食导致腹泻。因此，必须由少到多逐步增加青草的饲喂量。应适时进行预防接种，防止传染病的发生与流行。夏季气温高，防止兔中暑，多给清水和青草，防止饲料霉变，加强幼兔球虫病的药物预防。雨季要保持兔舍地面与兔笼的清洁干燥，做好卫生防疫工作，定期消毒，严防蚊子、苍蝇叮咬。秋季也是配种的繁忙季节，配种前要认真进行检查、预防接种，防止发生生殖器官疾病和其他传染病。冬季要注意保暖防寒，温度相对恒定，饮用温水，注意防止鼠类及其他兽害。

（六）培养健康兔群

在养兔生产中，要创造条件，建立健康兔群，作为繁殖的核心群。对核心兔群的公、母兔，从幼兔开始，要经常定期检疫和驱虫，淘汰病兔与带菌（病毒）兔，使其相对保持无病和无寄生虫侵害的状态。加强兽医卫生防疫工作，严格控制各种疫病传染源侵入，保持兔群的安全与健康。培育健康兔群常用的方法有人工哺乳法与保姆兔育成法，其他使用的饲料、饮水及铺垫物等进行消毒，防止污染。

（七）坚持自繁自养

兔场或专业户要选择健康的良种公兔与母兔自行繁殖仔兔，防止引种引入疾病，造成疫病传染。但自繁时，必须注意防止近亲繁殖，也可利用杂交一代的杂种优势，提高兔种的品质和仔兔的成活率，以降低养兔的成本。

（八）引进种兔要检疫

引进种兔时只能从非疫区购入，以当地兽医部门检疫，并签发检疫合格证，再经本场兽医验证、检疫、隔离观察 1 个月以上，确认为健康者，以驱虫、消毒（没有注射疫苗的补注疫苗）后，方可混群饲养。

第二节　临床检查技术

一、一般检查

一般检查主要包括外貌、精神状态、可视黏膜、体温测定等，了解一般情况，得出初步结论，然后再重点深入调查，综合分析。

（一）外貌检查

检查时注意外形、肌肉、骨骼等是否正常。体格发育和营养良好的健康獭兔，外观其躯体各部匀称，肌肉发达，体态丰满，骨骼棱角处不显露。发育和营养不良的獭兔，表现体躯矮小，瘦弱无力，骨骼显露，发育迟缓或停滞。

（二）精神状态

獭兔的精神状态是衡量中枢神经机能的标志。健康獭兔的行动、起卧姿势自然，动作灵活，轻快敏捷，两眼有神，稍有动静，立即抬头，两耳竖立。如受惊恐，会用后足拍打笼地板，在笼中窜跑。健康兔白天除采食外，大部分时间处于休息状态，两眼半闭，稍有动静，立即睁眼。当中枢神经机能受到抑制时，精神沉郁，反应迟钝，头低耳垂，眼闭呆立。有的出现乱蹦、转圈等兴奋现象。

（三）皮肤与被毛检查

皮肤检查要注意皮肤的颜色、温度、湿度及弹性是否正常，另外要查看有无外伤、肿胀、皮肤异常等现象。当循环障碍或呼吸困难时，皮肤因缺氧呈暗紫色；当体表局部有炎症或周身性发热时，可使皮肤温度升高、发红。若全身性脱水可使皮肤发干，弹性减退。健康獭兔被毛平滑、有光泽、生长牢固，并有规律地进行换毛。如被毛粗乱、蓬松、缺乏光泽，则是营养不良或慢性消耗性疾病的表现，如非季节性、年龄性换毛和孕兔拉毛，脱毛则是一种病态，应查明原因。常见的皮肤、被毛疾病有脓肿、螨病、体表霉菌病等。

（四）可视黏膜检查

獭兔的可视黏膜包括眼结膜、鼻腔黏膜、口腔黏膜和阴道黏膜。正常时呈粉红色。最易检查的是眼结膜，可用左手固定头部，右手食、拇指拨开眼睑即可观察。眼结膜颜色病理变化有下列几种情况。

（1）结膜潮红　结膜呈弥漫性潮红，是充血现象。多见于中暑、结膜炎等。

（2）结膜苍白　是贫血象征。多见于营养不良、寄生虫病及其他慢性消耗性疾病等。

（3）结膜黄色　可见于各种肝脏疾病，小肠黏膜卡他及寄生虫病如肝片吸虫病、豆状囊尾蚴病等。

另外，要检查眼结膜的分泌物（眼屎），凡有分泌物（眼屎）者，一般是有病的表现。分泌物有水样、黏液样或脓样几种。

鼻腔黏膜常见于鼻炎。口腔黏膜潮红、水泡、溃疡见于口腔炎。

（五）体温测定

对獭兔体温测定，是临床检查的主要项目之一。根据体温变化，有助于推测和判定疾病的性质。若出现高热，多属急性全身性疾病；无热或微热多为普通病；大失血或中毒以及濒死前，往往体温低于常温，预后不良。体温测定方法：一般采用肛门测温法。测温时，左手提起尾巴，右手将湿润的体温表插入肛门，深度 3.5～5 厘米，保持 2～3 分钟。獭兔的正常体温为 40℃。

（六）呼吸次数测定

健康獭兔平均每分钟呼吸 30～60 次，幼兔呼吸次数比成年兔高，可超过每分钟 100 次左右。呼吸次数增加见于某些呼吸道疾病，如肺炎或气温过高。呼吸数减少，见于中毒病、瘫痪病等。

（七）脉搏数测定

兔子的脉搏测定多在大腿内侧近端的股动脉上检测脉搏，兔脉搏（心跳）比较快，成年兔每分钟为 80～100 次，幼兔每分钟 100～160 次，最多可达 300 次。

二、系统检查

（一）消化系统检查

消化系统的发病率，不论在大兔或幼仔兔都比较高。许多传染病、寄生虫病及中毒等，在消化系统表现出明显的变化。

1. 食欲和饮水 食欲的好坏，与饲料的性质、种类及是否突然变换饲料有关系。除此以外，食欲减少是兔发病的重要症状之一，往往最先表现出来。胃肠道各种疾病均有食欲不振的表现。采食量变化不定，多为消化器官的慢性疾病。拒食见于各种严重的疾病。食欲的变化与病情的好坏紧密相关。獭兔食欲反常（异嗜），如舔食粪、尿、被毛或母兔吞食仔兔，可能与微量元素或维生素、蛋白质、氨基酸缺乏有关。饮水如同食欲一样，反映兔体的健康状况。

2. 口腔检查 检查时用木棒或开口器把兔嘴打开，检查口腔黏膜是否正常，有无流涎现象。口腔内有出血点或溃疡常见于传染性口炎。

3. 腹部检查 主要观察腹部形态和腹围大小，若腹部容积增大，见于怀孕、胀气、积食和积液。积食多在胃内。胀气是腹部上方膨大，腹壁紧张，叩诊发出鼓音。积液的特征是腹部两侧下方膨大，主要由于营养不良及慢性下痢等原因造成。发生腹膜炎时，触诊病兔腹部，兔因疼痛而用力挣扎。当便秘或胃肠内有异物（毛球）时，于腹部可以摸到较硬的粪块或异物。

4. 粪便检查 健康兔粪的颜色与饲料有关，但粪便大小均匀、光滑、无血液、黏液。粪便干硬而细小，粪量减少或停止排粪，触诊腹内有干硬粪块时，即为便秘。粪便稀薄如水，或呈稀泥状，或带血，主要见于肠炎、中毒、寄生虫感染等病。有时粪便稀薄如水，有特殊的腥臭味，则疑似魏氏梭菌下痢病。

（二）呼吸系统检查

1. 上呼吸道的检查 主要检查獭兔的鼻腔分泌物。健康獭兔鼻端干燥，被毛洁净，没有分泌物。鼻分泌物来自鼻腔、喉头、气管和肺。检查分泌物的量、颜色、稠度及气味，是一侧性还是两侧性。从鼻分泌物中常可分离培养到多杀性巴氏杆菌、支气管败血、波氏杆菌和金黄色葡萄球菌等多种致病菌。

2. 胸部检查 健康兔呼吸有规律，用力均匀平稳。呼吸方式为胸腹式，呼吸时胸部和腹部都有明显的起伏动作。当腹部患病，如患腹膜炎时，常会出现以胸部为主的胸式呼吸；当胸部有病，又常会出现以腹部为主的腹式呼吸。当獭兔出现慢性鼻炎时，可引起上呼吸道狭窄而出现吸气性困难；当患肺气肿时，可见呼气性困难；当患胸膜炎时，吸气和呼气都会发生困难，称为混合性呼吸困难。如果胸部一侧患病，如肋骨骨折时，患侧的胸部起伏运动就会显著减弱或停止，而造成呼吸不匀称。当獭兔出现呼气性困难或混合性呼吸困难时，更应注意胸部的检查，首先对胸廓的形状和肋骨起伏状态进行全面的观察。胸廓的畸形或肋骨的损伤等都可以破坏正常的呼吸机能，其次要对胸部异常变化进行触诊，要注意胸部的温度，有无肿胀，是否疼痛等情况。

（三）循环系统检查

循环系统检查主要指心率检查，心率数的减慢或加快，意味着某部分器官出现了病理变化。兔耳的血管浅表而丰富，除天气变化外，耳温的变化、血管的充盈程度反映着心血管系统的健康状况。

（四）泌尿生殖系统检查

1. 尿液检查 正常尿液为淡黄色，稍混浊，尿多尿少都是泌尿系统的问题，如频频排少量的尿并伴有不安、呻吟、鸣叫等，见于尿路感染；排尿量增多见于大量饮水后，慢性肾炎或渗出性疾病的吸收期。尿量减少，次数减少，见于急性肾炎、下痢、热性病等，正常的日排尿量为100～250毫升。

2. 生殖器官检查 公兔检查睾丸、阴茎及包皮；母兔检查外阴。如果发现外生殖器的皮肤和黏膜发生水疱性炎症、结节和粉红色溃疡，则可疑为密螺旋体病；如阴囊水肿、包皮、尿道口、阴唇出现丘疹，则可疑为兔痘；患李氏杆菌病时可见母兔流产，并从阴道内流出红褐色的分泌物，患葡萄球菌病时也可致外生殖器炎症；患多杀性巴氏杆菌病时，也会有生殖器感染。

（五）神经系统检查

通过观察獭兔神经机能状态异常变化，即可判断各种疾病对神经系统的影响程度，主要检查精神状态和运动机能。

1. 精神状态的检查 獭兔中枢神经系统机能紊乱，兴奋与抑制的动态平衡遭到破坏，表现兴奋不安或沉郁、昏迷。兴奋表现为狂躁不安、惊恐、蹦跳或作圆圈运动，偏颈、痉挛；如中耳炎（斜颈），病毒性出血症（兔瘟）、中毒病、寄生虫病等，都可以出现神经症状。精神抑制是指獭兔对外界的刺激反应性减弱或消失，因表现程度不同分为沉郁（眼半闭，反应迟钝，见于传染病、中毒或瘫痪）、昏睡（陷入睡眠状态、躺卧）和昏迷（卧地不起，角膜与瞳孔反射消失，肢体松弛，呼吸、心跳节律不齐，见于严重中毒、濒死期）等。

2. 运动机能检查 健康獭兔应保持运动的协调性。一旦中枢神经受损，即可出现共济失调（见于小脑疾病），运动麻痹（见于脊髓损伤造成的截瘫或偏瘫）。

三、病理剖检

(一) 剖检方法

兔病死后，应立即进行剖检，以便清楚地了解病情，采取积极的防治措施，避免更大的损失。

1. 术式　取仰式、腹部向上，置于搪瓷盘内或解剖台上，四足分开固定，腹部用消毒液消毒或火焰消毒。

2. 剖检程序

(1) 沿腹中线上起下颌部，下至耻骨缝处切开皮肤，再沿中线切口向每条腿切开，然后分离皮肤，检查皮下有无出血及病变。

(2) 沿腹白线用镊子挑起腹肌，防止刺破肠管，切开腹壁。

(3) 打开腹腔后，顺次检查腹膜、腹水、肝、胆囊、胃、脾脏、肠、胰、肠系膜及其淋巴结、肾脏、膀胱和生殖器官。

(4) 用骨剪剪断两侧肋骨、胸骨。拿掉前胸廓，使胸腔暴露，依次检查心、肺、胸膜、肋骨、胸腺。

(5) 从咽部至胸前找出气管剪开。

(6) 打开口腔、鼻腔及脑作检查。

(二) 剖检内容

按照病理剖检要求进行解剖，认真检查。按由外向内、由头至尾的顺序检查。所见内容提示相应疾病如下。

1. 体表和皮下检查　主要查有无脱毛、污染、创伤、出血、水肿、化脓、炎症、色泽等。

(1) 体表脱毛、结痂提示螨病、霉菌病；体毛污染提示由球虫病、大肠杆菌病等引起的腹泻。

(2) 皮下出血提示兔病毒性出血症，皮下水肿提示黏膜瘤病。颈前淋巴结肿大或水肿提示李氏杆菌病。

(3) 皮下化脓病灶提示葡萄球菌病、多杀性巴氏杆菌病。

(4) 皮下脂肪，肌肉及黏膜黄染提示肝片吸虫病。

2. 上呼吸道检查　主要查鼻腔、喉头黏膜及气管环间是否有炎性分泌物、充血及出血。

（1）鼻腔内有白色黏稠的分泌物提示多杀性巴氏杆菌病、波氏杆菌病等；鼻腔出血提示中毒、中暑、兔病毒性出血症等。

（2）鼻腔流浆液性或脓性分泌物则提示多杀性巴氏杆菌病、波氏杆菌病、葡萄球菌病、李氏杆菌病、兔痘、黏液瘤病、绿脓杆菌病等。

3. 胸腔脏器检查　主要查胸腔积液色泽、胸膜、心包、心肌是否充血、出血、变性、坏死等。

（1）胸膜与肺、心包粘连、化脓或纤维素渗出提示兔多杀性巴氏杆菌病、葡萄球菌病、波氏杆菌病。

（2）心包积液、心肌出血提示多杀性巴氏杆菌病，心包液呈棕褐色。心外膜有纤维素渗出提示葡萄球菌病、多杀性巴氏杆菌病。心肌有白色条纹，提示泰泽氏病。

4. 腹腔脏器检查　腹腔主要查腹水、寄生虫结节、脏器色泽、质地是否肿胀、充血、出血、化脓、坏死、粘连、纤维素渗出等。

（1）腹水透明、增多提示肝球虫病；串珠样包囊或附着于脏器或游离于腹腔的为囊尾蚴病；腹腔有纤维素渗出提示葡萄球菌病或多杀性巴氏杆菌病。

（2）肝脏　表面有灰白色或淡黄色结节，当结节为针尖大小时提示沙门氏菌病、多杀性巴氏杆菌病、野兔热等；当结节为绿豆大时则提示肝球虫病。肝肿大、硬化、胆管扩张提示肝球虫病、肝片吸虫病；肝实质呈淡黄色，细胞间质增宽提示病毒性出血症。

（3）脾　脾肿大有大小不等的灰白色结节，结节切开有脓或干酪样物提示伪结核病、沙门氏菌病。脾肿大、瘀血提示兔病毒性出血症。

（4）肾　肾充血、出血提示病毒性出血症；局部肿大、突出、似鱼肉样病变则提示肾母细胞瘤、淋巴肉瘤等。

（5）胃肠　胃肠黏膜充血、出血、炎症、溃疡提示大肠杆菌病、魏氏梭菌病、多杀性巴氏杆菌病；肠壁有许多灰色小结节提示肠球虫病；盲肠蚓突、圆小囊肿大有灰白色小结节，提示伪结核病、沙门氏菌病；盲肠、回肠后段、结肠前黏膜充血、出血、水肿、坏死、纤维素渗出等，提示大肠杆菌病、泰泽氏病。

（6）生殖道 阴茎溃疡、阴茎周围皮肤龟裂、红肿、结节等提示兔梅毒病；子宫肿大、充血，有粟粒样坏死结节提示沙门氏菌病，子宫呈灰白色，宫内蓄脓则提示葡萄球菌病、多杀性巴氏杆菌病。

四、实验室检查

以上检查不能确定时，可作实验室检查，将病死兔或病料送有关实验室检验，对于送检的病料要编号，有详细记录，附有送检单，对于危险病料要求安全稳妥。

五、流行病学调查

流行病学调查，在诊断疾病方面十分重要。通过访问、调查、搜集有关资料进行分析，帮助诊断疾病。可从以下几个方面进行调查。

（1）发病地区獭兔有哪些传染病，最早发病时间、地点、季节、传播速度及蔓延情况，发病兔年龄、性别、品种及其感染率、发病率和死亡率。

（2）应了解獭兔饲养管理、饲料配方、饲料调制方法、卫生条件及临近地区有无疫情发生。

（3）疾病发生经过、发病前预防注射过哪些疫（菌）苗及发病后治疗情况。

（4）临床症状，剖检所见的病理变化及经过治疗的效果。

（5）发病区域的地形、气候、昆虫及野生动物等疫病发生的情况。

六、诊断

根据流行调查、临床检查、病理剖检、实验室检查等资料综合分析，最终作出诊断。

第三节 兔场的卫生防疫措施

一、合理的防疫措施

（一）杜绝引进病兔

新养兔往往缺乏养兔经验，引进种兔时只强调品种、价格等，很少注意对疾病的防范。在引进种兔时应特别注意原场不应有兔传染性鼻炎、兔真菌性脱毛癣、兔螨病、兔沙门氏菌病等难以控制的疾病。否则，会给以后的防病治病工作带来极大的麻烦。已养兔者，在引进种兔后应将新兔隔离观察1个月以上，多方检查合格后方能入大群中饲养。

（二）制订科学的防病程序

兔病应以防为主，特别是规模兔场。对于重大传染病必须进行免疫预防和药物预防。科学的防病程序的建立在兔病防治中占有重要的地位，是保证养兔成功的关键之一。

1. 主要传染病的免疫预防程序（仅供参考） 见表19至表22。

表19 仔、幼兔免疫力的建立

30～35日龄	多杀性巴氏杆菌病灭活疫苗	1毫升皮下注射
40～45日龄	兔病毒性出血症（兔瘟）灭活疫苗	2毫升皮下注射
60～65日龄	兔病毒性出血症、多杀性巴氏杆菌病二联灭活疫苗	1毫升皮下注射
70日龄	产气荚膜梭菌病（魏氏梭菌病）灭活疫苗	2毫升皮下注射

表20 非繁殖青、成年兔免疫程序（每年两次定期免疫）

第1次	兔病毒性出血症、多杀性巴氏杆菌病二联灭活疫苗	1毫升皮下注射
	产气荚膜梭菌病（魏氏梭菌病）灭活疫苗	2毫升皮下注射
间隔6个月		
第2次	兔病毒性出血症、多杀性巴氏杆菌病二联灭活疫苗	1毫升皮下注射
	产气荚膜梭菌病（魏氏梭菌病）灭活疫苗	2毫升皮下注射

表 21　繁殖母兔（每年两次定期免疫）

第1次	兔病毒性出血症、多杀性巴氏杆菌病二联灭活疫苗	2毫升皮下注射
	产气荚膜梭菌病（魏氏梭菌病）灭活疫苗	2毫升皮下注射
间隔6个月		
第2次	兔病毒性出血症、多杀性巴氏杆菌病二联灭活疫苗	2毫升皮下注射
	产气荚膜梭菌病（魏氏梭菌病）灭活疫苗	2毫升皮下注射

表 22　种公兔（每年两次定期免疫）

第1次	兔病毒性出血症、多杀性巴氏杆菌病二联灭活疫苗	1毫升皮下注射
	产气荚膜梭菌病（魏氏梭菌病）	2毫升皮下注射
间隔6个月		
第2次	兔病毒性出血症、多杀性巴氏杆菌病二联灭活疫苗	1毫升皮下注射
	产气荚膜梭菌病（魏氏梭菌病）灭活疫苗	2毫升皮下注射

2. 药物预防　主要用于小兔的球虫病。从仔兔吃料开始就应在其饲料中添加抗球虫药，如抗球星等高效抗球虫药，直至3月龄。以喂草为主的兔场，在饲料中抗球虫药要适当加量，以满足需要。

螨病发生严重的兔场，又得不到有效控制时，可用阿维菌素粉等拌料，每1～2个月用药一个疗程，即2次用药，间隔7～10天，可有效地降低发病率。

二、兔病的日常处理

在做好各项工作的基础上，兔群发病率将大大下降，成活率、育成率均能达到较高的水平。但兔病还会经常发生的，发现兔病正确处理在兔病防治工作中十分重要。

1. 及时发现，尽快处理　每天应对每只兔检查1～2次，发现疾病随即处理。耽误时间，就会丧失治疗的机会，因此，兔发病后治疗的越早越好。

2. 初步判断,尽快用药 除了能作出明确判断外,如疥螨、脱毛癣、乳房炎等可采取针对性的治疗措施,而对于腹泻、发热、食欲减退等病因不确定的病兔,应首先给予一定的药物治疗。对于腹泻病,可给予口服或注射抗菌药物,特别是幼兔拉稀发病较多,一般及早给予抗菌药配合其他药物能有较高的治愈率,而对于魏氏梭菌下痢及其他非细菌性下痢则另当别论。若兔不下痢,仅见食欲不振或废食,应主要考虑肺部疾病或全身性疾病。肌内注射抗菌药物,效果较显著,一般一天用药2次,连续用药3～5天。对于传染性较强的病,如螨病、脱毛癣等,若不是新引进兔,在原兔群中发现个别病例症状明显,表明全群已被感染,应全群用药,控制流行,可降低发病率。

3. 病死兔应作剖检处理 兔在死后应立即作剖检。检查病变主要在胸腔和腹腔。肺、肝、肾、肠道等主要部位有哪些病理变化,据此作出初步判断。这样做便于积累知识和经验。对于长期从事养兔业的人来说十分重要。如遇兔群死亡率突然增高,作病理剖检能及时作出诊断,对指导疾病的防治显得更为重要。

4. 及时淘汰残兔 一些失去治疗价值及经济价值的病残兔应及时淘汰。如严重的鼻炎兔、反复下痢的兔、僵兔、畸形兔及失去繁殖能力的兔。一些病兔虽然能存活,但病又不能治愈,应尽早淘汰,以避免大量散布病原菌。

5. 正确处理病死兔 所有病死兔剖检后,如不送检,应在远离兔舍深埋或烧毁,减少病原散播,千万不能乱扔,或喂犬、喂猫。

第四节 消毒技术

一、消毒对养兔生产的意义

消毒室预防传染病和寄生虫病的一项重要保障措施。消毒的目的是消灭环境中的病原体，杜绝一切传染来源，阻止疫病继续蔓延，是综合性预防措施中的重要一环。应该树立正确的消毒观念，建立良好的消毒机制。消毒可以减少用药，但用药不能代替消毒。兔场必须制订严格的消毒规章制度，认真贯彻执行，降低兔场疫病风险。

二、消毒的种类

（一）按照消毒制度

可分为：预防消毒、紧急消毒和终末消毒。

1. 预防性消毒 即在非疫情期进行的定期消毒。该消毒方法与日常饲养管理相结合，对兔舍、兔笼、用具和饮水等进行定期的消毒，达到预防一般传染病的目的。任何兔场，在兔场和兔舍的进出口处必须设有消毒池和紫外灯，经常保持有效的消毒药物，对进出的人员和车辆进行消毒。未经消毒的兔笼和用具严禁进入场区。

2. 紧急消毒 即发生疫情时的消毒。目的是及时杀灭环境中和刚从病兔体内排出的病原微生物。消毒对象包括兔舍、兔笼及被病兔分泌物，排泄物污染过的场地、用具和物品等。一般在疫情解除前，必须进行多次消毒。

3. 终末消毒 指疫情控制后的全面彻底的消毒。目的是为了彻底消灭疫区和疫群内的病原微生物。通常在疫群解除疫情、痊愈或死亡后，或疫区解除封锁前进行。

（二）按照消毒方法

可分为：机械消毒法、物理消毒法、化学消毒法和生物热消毒法。

1. 机械消毒法 在无疫情情况下使用刷洗等机械方式将兔舍内的饲料残渣等污物清除干净，随着污物的清洗，环境中大大减少了病原微生物和寄生虫的存在。但这种消毒方法并不能达到彻底消毒的目的，必须配合其他消毒方法才能将残留病原微生物和寄生虫彻底消灭。发生疫情时，必须先进行化学消毒或其他消毒方法后，才可进行机械清扫，避免造成对大环境的污染，加大消毒困难。

2. 物理消毒法　是指用物理方法达到消毒目的的消毒方法。常用的物理消毒方法有：火焰消毒法、煮沸消毒法、日照消毒法和紫外灯消毒法。

（1）火焰消毒法　通过火焰灼烧的简单方法达到消毒目的。可对易燃烧的兔笼、用具、地面和墙壁及金属用品使用火焰喷灯进行喷火消毒。火焰喷灯的火焰温度可达 400～800℃。病死兔的排泄物、饲料残渣、垫草和尸体进行焚烧，也属于火焰消毒的范畴。

（2）煮沸消毒法　是经常使用到的一种经济有效的消毒方法。大部分非芽孢病原微生物在 100℃的沸水中可被迅速杀死，芽孢类病原微生物，沸水煮沸后 15～30 分钟可被杀死。煮沸1～2 小时可以杀灭所有的病原微生物。在水中加入少量的碱，可以使附着在表面的蛋白和脂肪溶解，防止金属生锈，提高沸点，增强消毒作用。

（3）日照消毒　是利用阳光中的紫外线和阳光的温度进行的消毒。阳光中的紫外线有较强的杀菌能力，同时阳光的灼热和蒸发水分引起的干燥也可杀死一定病菌。一般非芽孢类的病原微生物在阳光下经过几分钟至几个小时的照射即可杀灭。兔笼等用具可在清洗后置于阳光下暴晒，即可达到消毒作用。

（4）紫外线消毒　通常应用于面积相对较小的清洁环境。消毒时间必须在 30 分钟以上，每平方米 1 瓦光能。

3. 化学消毒法　使用化学药品溶液进行的消毒，是使用最广泛、消毒效果最好的一种消毒方法。但化学消毒的效果受到很多因素的制约，如兔舍等消毒对象的清洁度、病原微生物的抵抗力、所处的环境条件、药品的浓度及作用时间等。化学消毒方法根据消毒方法可分为：熏蒸消毒法，浸泡消毒法，饮水消毒法和喷雾消毒法。

（1）熏蒸消毒法　将消毒药物通过加热或其他方法使药物气

化，然后密闭一段时间，气体通过扩散作用达到消毒目的后，通风。常用于熏蒸消毒法的化学药品有福尔马林、过氧乙酸、高锰酸钾等。

（2）浸泡消毒　将消毒药品按照比例配成消毒药液，将需消毒的兔笼或其他用具放入消毒液中，浸泡一段时间取出，用清水洗净晒干。

（3）喷雾消毒　将消毒药物按照比例配成消毒液，用喷雾器喷雾需消毒的空间或兔笼、墙壁等，达到消毒目的。使用喷雾消毒法时必须保证消毒液均匀地喷洒在消毒对象上，避免死角。

（4）饮水消毒　将消毒药按照比例加入水中，消毒一段时间后使用。

常用的消毒药品有：烧碱（氢氧化钠）、碳酸钠、漂白粉、石灰乳、百毒杀、新洁尔灭、来苏儿、高锰酸钾、过氧乙酸、福尔马林等。消毒室可根据兔场清洁程度和病原体特点，以及消毒环境的条件等，选择适合的消毒方法和消毒药品。使用化学消毒法后，应注意消毒药的保存和消毒用具的妥善处理，避免人畜中毒。

4. 生物热消毒法　主要应用于粪便污物的无害处理。在粪便堆积过程中，利用粪便中微生物发酵产热，温度可达 70℃ 以上，经过一段时间，粪便中的病毒、非芽孢类病原微生物、寄生虫卵等都可被杀灭，达到消毒的目的，同时增加粪便的肥效，减少对环境的污染。粪便等污物夏季经过 1 个月，冬季经过 2 个月即可达到消毒杀菌的目的。

三、建立兔场常规消毒机制

兔场应建立严格的消毒制度。兔舍、兔笼及用具每季度应进行至少一次的大清扫，彻底消毒。每次进行消毒时，先要进行彻底的清扫，并用清水冲洗干净，待干燥后进行消毒。日常生产应每隔 7～10 天进行一次带兔消毒。

兔场日常消毒步骤：

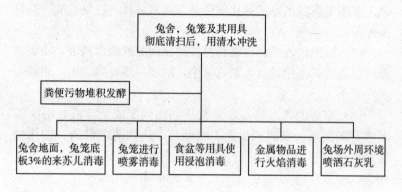

第五节　给药方法

给药是防治獭兔疾病的重要方法之一。合理使用药物可直接消除病患或通过调整其生理机能从而消除或缓解疾病的危害。药物进入体内的途径不仅影响其作用快慢和强弱，有时甚至能改变药物的基本作用。因此在临床中应根据病情的需要和药物的特性，结合患兔的生理状态，选择适当的给药方法。

獭兔常见的给药方法按照药物进入体内的不同路径，可分为经口给药法、注射给药法、外用擦洗法和直肠灌药法 4 种。

一、经口给药法

经口给药法可分为饮水给药、拌料给药、口服给药和灌服给药。

1. 饮水给药　主要是针对有饮欲和食欲的獭兔。将易溶于水的药物按照一定比例溶解于水中，给獭兔自由饮用。在使用饮水给药法前的几个小时应适当停水。此法即可用于群体给药，也可用于个体给药。

2. 拌料给药　主要适用于药物用料少、无特殊气味的药物，常为粉剂类药物。多为预防用药或患兔初期仍有一定食欲的病兔。先将药物用少量细的饲料拌匀，再逐渐加大饲料量拌匀，最后扩大到所有应拌料中拌匀饲喂，或制成颗粒料饲喂。

3. 直接口服给药　投喂时由助手保定病兔，操作者一手固定兔的头部并捏住兔口角使口张开，用镊子或止血钳夹取药片，送入兔子的会咽部使兔吞下。也可将药物碾碎用水调匀后，放入兔口中待兔自行吞咽。

4. 灌服给药　用带有细管的导管，从兔的口角插入，通过口腔和咽部，直到引起吞咽反应，将导管插入食道，到达胃部，在导管的体外部分置一漏斗或用注射器将药物灌入。当病兔已经拒绝采食，口服给药困难或药物有异味、毒性较大时，采用该给药方法。

二、注射给药法

常用的注射方法根据注射部位不同可分为肌内注射、皮下注射、静脉注射、腹腔注射和局部注射5种。

1. 肌内注射　通常在臀部或大腿部进行（因此部肌肉层较厚，有利于药物吸收且方便操作）。注射部位消毒后，将注射器的针头刺入适当深度，慢慢将药液注入。刺入针头时，要避免伤及大血管、神经和骨骼。水剂、油剂、混悬剂等药物可进行肌内注射。刺激性较大的药物需注射至肌肉深部。

2. 皮下注射　选皮肤薄、松弛、易移动的部位，例如颈后部和股内侧等。经剪毛消毒后，用左手拇指和食指提起皮肤，右手持注射器，几乎与兔体保持水平，把针头迅速刺入皮下2～3厘米，然后松开左手，注入药液。此法常用于疫苗接种，刺激性大的药物不宜进行皮下注射。

3. 静脉注射　通常在獭兔两耳外缘的耳静脉进行，有的在头静脉或跗静脉进行。将獭兔保定，左手把握兔耳，压迫耳根，使耳静脉扩张，右手持注射器，准确无误地刺入静脉，缓慢将药液注入。静脉注射必须在无菌的条件下进行，注射器及注射部位必须严格消毒，同时必须确保针筒内不含空气，避免空气引起栓塞导致病兔死亡。注射时若发现皮下隆起小泡或感觉注射有阻力，应拔出针头重新注射。注射完毕拔出针头时，应用酒精棉球压迫片刻，防止出血。

4. 腹腔注射　把獭兔后躯抬高，在脐后部腹底壁，腹中线左侧 3 毫米刺入针头，注入药液。腹腔注射时最好选在胃和膀胱排空时进行。注射药液应加热至与体温相近。腹腔注射时应小心，刺针不宜过深，避免伤及肝肾等器官。

5. 局部注射　多用于局部感染，如乳房炎等。局部注射可将药物集中注射在局部，可快速控制病情发展。

三、外用擦洗法

外用药物常用于创伤、皮肤炎症、体表消毒和杀灭体外寄生虫等的治疗，分为洗涤和涂擦两种。洗涤是将药物配成适当浓度的溶液，对体表皮肤或眼，鼻腔及创伤部位进行清洗。涂擦是将药物制成膏剂、水剂或油剂在病患部位进行涂抹。

四、直肠灌药法

当獭兔便秘时，口服或注射给药效果不理想，需采用直肠灌药法，获得良好的治疗效果。操作时将病兔侧卧保定，后躯略抬高，用涂有润滑油的导管，经肛门插入直肠，再用注射器注入药液，注射完毕后，捏住肛门 5~10 分钟后放开。直肠灌药时的药液温度应接近体温。

第十章

主要疾病的诊断及防治方法

第一节 病毒病及细菌病

一、病毒性出血症（兔瘟）

兔瘟又称兔病毒性出血症，本病是一种病毒病，是獭兔的一种烈性传染病，危害极大，造成成千上万只兔的死亡。

【流行特点】本病一年四季均可发生，以春、秋、冬季发病较多，炎热夏季发病较少。本病只侵害兔，主要危害青年兔和成年兔，40日龄以下幼兔和部分老龄兔不易感，哺乳仔兔不发病。传染源是病死兔和带毒兔，它们不断向外界排毒，通过病兔、带毒兔的排泄物、分泌物、死兔的内脏器官、血液、兔毛等污染饮水、饲料、用具、笼具、空气，引起易感兔发病流行。人、鼠、其他畜禽等机械性传播病毒，该病曾因收购兔毛及剪毛者的流动，将病原从一个地方带至另一个地方，引起该病的流行。

在新疫区，本病的发病率和死亡率很高，易感兔几乎全部发病，绝大部分死亡，发病急，病程短，几天内几乎全群覆灭。目前，已普遍重视该病的预防，发病率大为下降，但仍有发生，主要原因是忽视了使用优质疫苗及合理的免疫程序，或根本不进行预防注射。无论自然或人工感染，该病的潜伏期在30～48小时。

【症状】

1. 最急性型 常发生在新疫区。在流行初期，患兔死前无任何明显症状，往往表现为突然蹦跳几下并惨叫几声即倒毙。死后"勾头弓背"或"角弓反张"，少数兔鼻孔流出红色泡沫样液体，肛门松弛，肛周有少量淡黄色黏液附着。

2. 急性型　病程一般 12～48 小时，患兔精神委顿、不爱活动、食欲减退、喜饮水、呼吸迫促、体温达 41℃。临死前表现为在笼中狂奔、常咬笼，倒地后，四肢划动、抽搐或惨叫，很快死亡。少数死兔鼻孔流出少量泡沫状血液。

3. 亚急性型　多发生于 2 月龄以内的幼兔，兔体严重消瘦，被毛焦枯无光泽，病程 2～3 天或更长，后死亡。

【病理变化】最急性、急性病死兔剖检时可见全身实质器官瘀血、出血，气管软骨环瘀血，气管内有泡沫状血液；胸腺水肿，并有针帽至粟粒大小出血点；肺有出血、瘀血、水肿、大小不等的出血点；肝脏瘀血、肿大、质地变脆、色泽变淡；胆囊充满稀薄胆汁；脾脏肿大、瘀血呈黑紫色；部分肾脏瘀血、出血；十二指肠、空肠黏膜出血，肠腔内有黏液。

【防治】本病以预防为主，一旦发病立即对病兔进行隔离、封锁，整个兔群除未断奶仔兔外，紧急选择优质的单苗进行免疫注射是保证不发生流行的关键。未发病的獭兔场一年两次疫苗的注射是预防疾病发生的关键。具体做法是：①建议繁殖母兔使用双倍量疫苗，其他兔按说明书使用；②建议 40 日龄用 2 倍疫苗注射一次，60～65 日龄加强免疫一次；③紧急预防应用 2～4 倍量单苗进行注射或用高兔血清每兔皮下注射 4～6 毫升，7～10 天后再注射疫苗；④无疫情时，可使用多联苗。

二、传染性口炎

本病是一种以口腔黏膜水疱性炎症为特征的急性传染病，病原是一种病毒。

【流行特点】主要侵害 1～3 月龄的幼兔，尤以断奶后 1～2 周兔最为常见，成年兔很少发生。本病多发于春、秋两季。病兔是主要的传染源。本病主要经消化道感染，常因饲养管理不良、喂食霉烂饲料及口腔损伤而诱发。本病死亡率较高，可达 50% 以上，但不感染其他畜禽。

【症状】本病潜伏期 3～4 天，发病初期唇和口腔黏膜潮红、充血。继而出现粟粒至黄豆大小不等的水疱，部分外生殖器也有。水疱破溃后形成溃疡，易引起继发感染，伴有恶臭。口腔中流出多量液体，唇下、颌下、颈部、胸部及前爪兔毛潮湿、结块。下颌等局部皮肤潮湿、发红、毛易脱落。患兔精神沉郁。因口腔炎症，吃草料时疼痛，多数减食或停食，常并发消化不良和腹泻，表现消瘦。常于病后 2～10 天死亡。

【病理变化】舌、唇、口腔黏膜发炎，局部有糜烂、溃疡，唾液腺红肿。胃内有较多的黏稠液体，肠黏膜有卡他性炎症。

【防治】目前对本病尚无特效防治方法。平时要加强饲养管理，禁喂霉变粗糙干草，多喂青绿饲料。发病时，及时隔离病兔，加强消毒，防止蔓延；给病兔喂以柔软、易消化的饲料；用 0.1% 高锰酸钾溶液、2% 明矾水、2% 硼酸溶液或 1% 盐水清洗口腔并涂碘甘油，每兔用病毒灵 1 片、复合维生素 B 1 片研末加水喂服。每天 2 次，连用数天，并用抗菌药物防止继发感染。

三、兔痘

兔痘是一种由痘病毒引发的急性、热性、高度致死性传染病，目前国内尚未发现。

【流行特点】本病仅感染兔。各品种、不同年龄的兔均可感染发病，幼兔发病死亡率可达 70%，成年兔为 30%～40%。本病发生较少，一旦发病，传播极为迅速，会给养兔业造成很大损失。病兔为主要传染源，其鼻腔分泌物中含有大量的病毒。本病经消化道和呼吸道传染。此外，皮肤和黏膜的伤口直接接触也能感染。病兔康复后可获得终生免疫且不再带毒。

本病在新疫区潜伏期一般为 3～5 天，在老疫区为 1～2 周。

（1）痘疱型　病兔体温升高、食欲下降、精神沉郁；呼吸、脉搏数增加，流大量鼻液；扁桃体、腹股沟淋巴结和胭淋巴结肿大。一般发病第 5 天皮肤出现红斑性疹，后成为丘疹，中央凹陷坏死、干燥，形成痂皮。病灶可分布于全身皮肤，多见于口腔和鼻腔黏膜上皮及耳、眼、背部、腹部和阴囊等处。颜面部和口腔有广泛水肿，硬腭和齿龈常发生坏死。严重病例皮肤有出血。病兔流泪、羞明，发生眼睑炎、化脓性眼炎或溃疡性角膜炎，甚至角膜穿孔。患兔生殖器官周围水肿，发生尿潴留。一般在感染后5～10天死亡。

（2）非痘疱型　病兔不出现皮肤损害，仅表现不食、发热和不安，有时出现眼结膜炎和下痢等症状。一般于感染后1周死亡。

【病理变化】本病剖检时最显著的变化是皮肤损害，可从仅有少数局部丘疹发展到严重的广泛性坏死和出血。此外，口腔、上呼吸道及肺、肝、脾等器官出现丘疹或结节；心脏有炎性损害；肺部布满灰白色小结节，有弥漫性肺炎及灶性坏死；肝肿大，呈黄色，整个实质有很多白色结节和小的坏死灶；胆囊也有小结节；脾肿大，伴有灶性结节和坏死；睾丸、卵巢、子宫布满白色结节，睾丸显著水肿和坏死；肾上腺、甲状腺、胸腺、唾液腺均有坏死灶；皮下水肿，口和其他天然孔的水肿最为多见。

【防治】本病的预防应加强卫生防疫措施，避免传入传染源。一旦发生疫情，可用人的牛痘疫苗给兔作紧急预防注射。治疗时，采取对症疗法，应用抗生素或磺胺类药物控制并发症。

四、黏液瘤病

本病是兔的又一高度接触性、致死性的恶性传染病。病原是黏液瘤病毒。

【流行特点】本病全年均可发生，死亡率可达100％。主要流行于澳洲、美洲、欧洲，在我国尚未见报道。本病的主要传播方式是直接与病兔及其排泄物、分泌物接触或与被污染饲料、饮水和用具接触。蚊子、跳蚤、蚋、虱等吸血昆虫也是病毒传播者。兔是本病的唯一易感动物。

【症状】临床上身体各天然孔周围及面部皮下水肿是其特征。最急性时仅见到眼睑轻度水肿，1周内死亡。急性型症状较为明显，眼睑水肿，严重时上、下眼睑互相粘连；口、鼻孔周围和肛门、外生殖器也可见到炎症和水肿，并常见有黏液脓性鼻分泌物。耳朵皮下水肿可引起耳下垂。头部皮下水肿严重时呈狮子头状外观，故有"大头病"之称。病至后期可见皮肤出血，眼黏液脓性结膜炎，羞明流泪和出现耳根部水肿，最后全身皮肤变硬，出现部分肿块或弥漫性肿胀。死前常出现惊厥，但濒死前仍有食欲，病兔在1～2周内死亡。

【病理变化】患病部位的皮下组织聚集多量微黄色、清朗的水样液体。在胃肠浆膜下和心外膜有出血斑点；有时脾脏、淋巴结肿大、出血。

【防治】应严禁从有本病的国家进口兔和未经消毒、检疫的兔产品，以防本病传入。

预防本病可用兔纤维瘤活疫苗及弱毒黏液瘤活疫苗进行免疫注射。发现本病时，应严格隔离、封锁、消毒，并用杀虫剂喷洒，控制疾病扩散流行。

五、多杀性巴氏杆菌病

兔巴氏杆菌病又称兔出血性败血症，简称兔出败，是獭兔的一种常见的、危害性很大的传染病。病原是多杀性巴氏杆菌。

【流行特点】本病病兔的分泌物、排泄物如唾液、鼻液、粪、尿等带病原菌，通过呼吸道、消化道和皮肤、黏膜的伤口等传染给健康兔。一般情况下，病原菌寄生在獭兔鼻腔黏膜和扁桃体内，成为带菌者，在各种应激因素刺激下，如过分拥挤、通风不良、空气污浊、长途运输、气候突变等或在其他致病菌的协同作用下，机体抵抗力下降，细菌毒力增强，容易发生本病。各种年龄、品种的獭兔都易感染，尤以2～6月龄兔发病率和死亡率较高。本病一年四季均可发生，但以冬春最为多见，常呈散发或地方性流行。当暴发流行时，若不及时采取措施，常会导致全群覆没。本病病原也可感染家禽。

本病的潜伏期长短不一，一般从几小时至数天不等，主要取决于獭兔的抵抗力、细菌的毒力和感染数量及入侵部位等。

【症状】可分为急性型、亚急性型和慢性型 3 种。急性型发病最急，病兔呈全身性出血性败血症症状，往往生前未发现任何病兆就突然死亡。亚急性型又称地方性肺炎，主要表现为胸膜炎症状，病程可拖延数天甚至更长。病兔体温高达 40℃ 以上，食欲废绝、精神委顿、腹式呼吸，有时出现腹泻。

慢性型的症状依细菌侵入的部位不同可表现为鼻炎、中耳炎、结膜炎、生殖器官炎症和局部皮下脓肿。

患鼻炎兔鼻孔流出浆液性或白色黏液脓性分泌物，因分泌物刺激鼻黏膜，常打喷嚏。由于病兔经常用前爪擦鼻部，致使鼻孔周围被毛潮湿、缠结。有的鼻分泌物与食屑、兔毛混结成痂，堵塞鼻孔，使患兔呼吸困难。临床表现为鼻炎时发时愈。一部分病菌在鼻腔内生长繁殖，毒力增强，侵入肺部，导致胸膜炎或侵入血液引起全身性、出血性败血症死亡。

中耳炎俗称歪头病或斜颈，病菌由中耳侵入内耳，导致病兔头颈歪向一侧，运动失调，在受到外界刺激时会向一侧转圈翻滚。一般治疗无效，常可拖延数月后死亡。

结膜炎又称烂眼病，多发于青年兔和成年兔，因病菌侵入结膜囊，引起眼睑肿胀，结膜潮红，有脓性分泌物流出。患兔羞明流泪，严重时分泌物与眼周围被毛黏结成痂，糊住眼睛，有时可导致失明。

生殖器官炎症主要因配种时被病兔传染，公兔患睾丸炎，睾丸肿大；母兔患子宫炎，常自阴户流出脓性分泌物，多数丧失种用价值。

由于许多养兔者提高了防疫密度，急性病例较少发生，临床上以亚急性型及鼻炎、中耳炎和结膜炎等慢性病例为多见。

【病理变化】急性型可见各实质脏器如心、肝、脾以及淋巴结充血、出血；喉头、气管、肠道黏膜有出血点。

亚急性型可见胸腔积液，有时有纤维素性渗出物；心脏肥大、心包积液；肺充血、出血，甚至发生肝变，严重者胸腔蓄积纤维素性脓液或肺部化脓。

【防治】可选择无巴氏杆菌病的健康兔采取自繁自养，平时注意对新引进的獭兔进行严格检查，观察 1 个月无病后方可入群。兔舍通风，搞好兔舍及外界环境卫生，控制饲养密度，减少或杜绝鼠患，定期消毒。在兔群中要及时清理、隔离、淘汰打喷嚏、患鼻炎、中耳炎和脓性结膜炎的病兔。定期注射兔巴氏杆菌病灭活疫苗或多联苗，一年 2～3 次。于每百千克饲料中加 25～30 克喹乙醇混饲有良好的预防效果。如发生巴氏杆菌病时，应做紧急处理。

处理的方法：①兔场发生巴氏杆菌病时，应进行紧急预防注射。除未断奶仔兔外，每只兔皮下注射巴氏杆菌病菌苗 2～3 毫升。②病兔用伤寒痢疾灵治疗，大兔每只注射伤寒痢疾灵 1 毫升，小兔酌减，每天 2 次，连续 3 天。③用链霉素每千克体重 1 万单位，肌内注射，每天 2 次，连续 3～5 天。④磺胺嘧啶每千克体重 0.05～0.2 克，每天 3 次，连续 3～5 天。⑤用中药黄连、黄芩、黄檗、栀子、大黄各 3 克/只，水煎服，有一定的防治效果。⑥做好清洁卫生，兔舍、兔笼、场地用 0.5％菌毒敌或 0.02％的百毒杀溶液消毒。⑦及时淘汰疑似巴氏杆菌病和患巴氏杆菌病的病兔。

六、波氏杆菌病

波氏杆菌病是獭兔常见的一种呼吸道传染病。病原是支气管败血波氏杆菌，简称波氏杆菌。

【流行特点】本病传播广泛，常呈地方性流行，一般以慢性经过为多见，急性败血性死亡较少。该菌常存在于獭兔上呼吸道黏膜上，在气候骤变的秋冬之交极易诱发此病。这主要是由于獭兔受到体内、外各种不良因素的刺激，导致抵抗力下降，波氏杆菌得以侵入机体内引起发病。本病主要通过呼吸道传播。带菌兔或病兔的鼻腔分泌物中大量带菌，常可污染饲料、饮水、笼舍和空气或随着咳嗽、喷嚏飞沫传染给健康兔。

【症状】本病依症状可分为鼻炎型、支气管肺炎型和败血型。

其中以鼻炎型较为常见，常呈地方性流行，多与巴氏杆菌病并发。多数病例鼻腔流出浆液性或黏液脓性分泌物，症状时轻时重。

支气管肺炎型多呈散发，由于细菌侵害支气管或肺部，引起支气管肺炎。有时鼻腔流出白色黏液脓性分泌物，病后期呼吸困难，常呈犬坐式姿势，食欲不振、日渐消瘦而死。

败血型即为细菌侵入血液引起败血症，不加治疗，很快死亡。

【病理变化】鼻炎型兔可见鼻腔黏膜充血，有黏液，鼻甲骨变形。肺、心脏有病变或有大小不等的凸出表面的脓疱，脓疱外有一层致密的包膜，包膜内积满脓汁，黏稠奶油状。

【防治】用兔波氏杆菌病疫苗或多联苗免疫注射，可有效控制本病流行。平常应注意加强饲养管理，定期消毒，兔舍应通风良好，及时隔离治疗轻度鼻炎，坚决淘汰鼻炎严重者。

可选用卡那霉素或庆大霉素治疗。也可用氟哌酸、恩诺沙星肌内注射，每天2次，连续3～5天。

七、大肠杆菌病

兔大肠杆菌病主要引起家兔腹泻或便秘，粪便中常有胶冻样黏液，稍带腥臭味。还可引起败血症及胸腔化脓等。

【流行特点】本病多引起断奶后仔兔腹泻、青年兔腹泻及成年兔的便秘。各种年龄兔可发生急性败血症，哺乳仔兔有时会发生肺炎、胸腔积液而死亡。

本病一年四季均可发生，尤以冬、春季较多发。

【症状】便秘病兔常精神沉郁、被毛粗乱、废食，有的磨牙，兔粪细小，呈老鼠屎状，常卧于兔笼一角逐渐消瘦死亡。腹泻病兔，排稀便，食欲减退，尾及肛周有粪便污染，精神差，病后期两耳发凉，卧伏不动，不时从肛门中流出稀便。急性病例通常在1～2天内死亡，少数可拖至1周，一般很少自然康复。

【病理变化】腹泻病兔剖检可见胃膨大，充满多量液体和气体，胃黏膜上有针尖状出血点；十二指肠充满气体并被胆汁黄染；空肠、回肠肠壁薄而透明，内有半透明胶冻样物和气体；结肠和盲肠黏膜充血，浆膜上有时有出血斑点，有的盲肠壁呈半透明，内有多量气体；胆囊亦可见胀大，膀胱常胀大，内充满尿液。便秘病死兔剖检可见盲肠、结肠内容物较硬且成形，上有胶冻，肠壁有时有出血斑点。败血型可见肺部充血、瘀血，局部肺实变。仔兔胸腔内有多量灰白色液体，肺实变，纤维素渗出，胸膜与肺粘连。

【防治】在预防本病时，可用兔大肠杆菌病多价灭活疫苗或多联苗进行免疫注射。

腹泻及败血症等病兔治疗可用下列药物：5‰诺氟沙星，每千克体重 0.5 毫升肌内注射，每天 2 次；庆大霉素每千克体重 2 万单位肌内注射，每天 2 次；螺旋霉素每千克体重 10 毫克，肌内注射，每天 2 次；卡那霉素 25 万单位，肌内注射，每天 2 次；止血敏或维生素 K 1 毫升，皮下注射，每天 2 次，有良好的止泻作用；同时，应给病程稍长的病兔补液。静脉、皮下或腹腔缓慢注射 5% 葡萄糖盐水 10～50 毫升，另加维生素 C 1 毫升。口服磺胺片，每天 3 次，鞣酸蛋白、矽炭银等拌湿口服，每天 2 次。

便秘病兔早期可口服人工盐、大黄苏打片、石蜡油或植物油，促其排便，供应新鲜青绿饲料。一般发现后治疗效果不佳。平时应加强管理，特别注意饲料的配制和供应。

八、魏氏梭菌病

又称兔产气荚膜梭菌（A 型）病，是一种严重危害獭兔生产的急性传染病，其发病率、死亡率均高。

【流行特点】多呈地方性流行或散发。各品种、年龄的兔皆可感染。一般 20 日龄后的兔即会发病，尤以膘情好、食欲旺盛的兔发病率为高。病兔排出的粪便中大量带菌，极易污染食具、饲料、饮水、笼具、兔舍和场地等，经消化道感染健康兔，在肠道中产生大量外毒素，引起发病和死亡。

本病一年四季均可发生，尤以冬、春季为发病高峰期。

【症状】兔发病后精神沉郁，不食，喜饮水；下痢粪稀呈水样，污褐色，有特殊腥臭味，稀便沾污肛周及后腿皮毛；外观腹部膨胀，轻摇兔身可听到"咣嘡咣嘡"的拍水声。提起患兔，粪水即从肛门流出。患病后期，可视黏膜发绀，双耳发凉，肢体无力，严重脱水。发病后最快的在6~12小时内死亡，少数拖至1周后最终死亡，无特效药物治疗。

【病理变化】打开腹腔即可闻到特殊的腥臭味。胃多胀满、可见有大小不一的溃疡斑，胃黏膜脱落、溃疡；小肠充气，肠管薄而透明；大肠特别是盲肠浆膜黏膜上有鲜红色的出血斑，肠内充满褐色或黑绿色的粪水或带血色粪及气体；肝质脆；膀胱多充满深茶色尿液；心脏表面血管怒张呈树枝状充血。

【防治】注射产气荚膜梭菌病（A型）灭活疫苗可预防本病的发生。通常幼兔断奶后即可接种，每兔2毫升，每半年注射1次。

发病早期可注射抗A型产气荚膜梭菌病高免血清，每兔静脉或皮下注射4~6毫升，辅以5%葡萄糖盐水补液，每兔20~40毫升，每天2~3次。抗菌药物可杀灭本菌，减少毒素的产生，但对已产生的毒素不起作用，在治疗中起辅助作用。兔群发病时可口服土霉素等。饮水中加1/10 000的高锰酸钾，发病期间要调整好饲料配比，多喂一些含粗纤维高的饲草，以降低发病率。发病期间应加强消毒，特别是对病兔排泄物的消毒。及时处理病死兔应进行深埋和焚烧。

九、克雷伯氏菌病

本病主要感染断奶前后的幼兔，可引起剧烈腹泻，造成死亡。本病的病原是肺炎克雷伯氏菌。

【流行特点】本病常呈地方性流行或散发流行。本病菌常存在于人、畜的消化道、呼吸道及水、土壤和饲料中。当獭兔抵抗力降低或有其他应激因素时，易引发此病。

【症状】发病兔厌食、消瘦、精神沉郁、腹部臌胀、排黑色糊状粪便，急性病例常于1～2天内死亡，少数可拖至一周。本病常与大肠杆菌病并发。

【病理变化】剖检时胃多胀满，十二指肠充满气体并被胆汁黄染，空肠、回肠壁薄而透明，内含气体，盲肠内有多量气体和黑褐色稀粪。

由于本病的临床症状和解剖病变与大肠杆菌病相似，故二者不易区分，须通过细菌分离鉴定加以区别。

【防治】应加强饲养管理和卫生消毒工作，杜绝鼠患，妥善保管饲料，尽量减少应激因素刺激。幼兔断乳前后可注射兔克雷伯氏菌病灭活疫苗。

治疗此病可参照兔大肠杆菌病的治疗方法。

十、沙门氏菌病

獭兔的沙门氏菌病又称兔副伤寒，是由鼠伤寒沙门氏菌或肠炎沙门氏菌引起的一种传染病。

【流行特点】本病长年发生，一般以春、秋季发病较多。发病兔无品种、年龄、性别差异，发病死亡率高达90％以上，尤其以幼兔和妊娠母兔发病率和死亡率最高。本病也是幼兔腹泻死亡的主要原因之一。

患兔的粪便中含大量病菌，是主要传染源，野鼠及苍蝇等昆虫是本病的传播者。消化道是主要的传染途径。健康兔通过接触被病菌污染的饲料、饮水、笼具、垫草等途径引起感染。

【症状】除个别病例因败血症突然死亡外，一般表现为下痢、粪便呈糊状带泡沫，稍有臭味。病兔体温升高至41℃左右，无食欲、精神差、伏卧不起，病程3～10天，绝大多数死亡。部分兔有鼻炎症状。母兔从阴道流出脓样分泌物，怀孕母兔通常发病突然，烦躁不安，减食或废食，饮水增加，体温高至41℃并发生流产。流产的胎儿多数已发育完全，有的皮下水肿，也有的胎儿木乃伊化或腐烂。

【病理变化】急性病例大多数内脏器官充血、出血，腹腔内有大量渗出液或纤维素性渗出物。腹泻病例可见部分肠黏膜充血、出血、水肿；肠系膜淋巴结肿大；脾脏肿大呈暗红色；部分兔胆囊外表呈乳白色，较坚硬，内为干酪样坏死组织；在小肠与盲肠结合部的圆小囊和蚓突处可见到浆膜下有弥漫性灰白色坏死病灶，其大小由针尖到粟粒不等。

流产母兔的子宫肿大，浆膜和黏膜充血，壁增厚，有化脓性或坏死性炎症，局部黏膜上覆盖一层淡黄色纤维素性脓液，有些病例子宫黏膜出血或溃疡。

【防治】由于本病的传播与野鼠和蝇关系密切，故兔场要大力灭鼠、灭蝇，及时隔离病兔以控制疫情。一般常用的消毒药物均可杀死沙门氏菌，所以要定期、及时做好卫生消毒工作。应用沙门氏菌灭活疫苗于母兔配种前皮下注射，能有效预防流产。在流行疫区可实施全群注射，一年2～3次能预防本病流行。

治疗可用5％诺氟沙星肌内注射，每千克体重0.5毫升，每天2次，连续数天，也可用恩诺沙星肌内注射，每千克体重0.2毫升（25毫克/毫升），每天2次，连用数天。同时辅以葡萄糖盐水静脉、皮下或腹腔注射10～50毫升；口服酵母片、维生素C各1片，每天2次。

在治疗病兔的同时，对全群兔用药，用以上几种抗菌药物拌料喂兔，5天为一疗程，配合每天全场的消毒，隔3～5天换一种药物，再服一疗程，结合防蝇、灭鼠，可有效控制该病的发病率。

十一、李氏杆菌病

本病是家畜、家禽、鼠类及人共患的传染病。本病以突然发病死亡或流产为特征。病原是李氏杆菌，对周围环境的抵抗力很强，在干草、土壤、粪便中能生存很长时间，常用的消毒药均能将其杀死，对温度抵抗力不强。

【流行特点】兔及其他各种畜禽和野生动物都可自然感染本

病。病畜和带菌动物的分泌物及排泄物污染的饲料、用具、水源和土壤，经消化道、呼吸道、眼结膜、损伤的皮肤及交配而传染。啮齿动物是本菌在自然界中的贮存宿主，吸血昆虫也可成为传播媒介。本病多散发，有时呈地方性流行，发病率低，死亡率高。幼畜和妊娠母畜易感性高。

【临床症状】潜伏期为 2～8 天。病兔表现分为急性、亚急性和慢性 3 种类型。

（1）急性型 多发生于幼兔，病兔体温可达 40℃以上，精神沉郁，不食，鼻腔黏膜发炎，流出浆液性或黏液性分泌物，几小时或 1～2 天死亡。

（2）亚急性型 主要表现中枢神经机能障碍，作转圈运动，头颈偏向一侧，运动失调，怀孕母兔流产或胎儿干化。一般经 4～7 天死亡。

（3）慢性型 病兔主要表现为子宫炎，发生流产并从阴道内流出红色或棕色的分泌物，出现中枢神经机能障碍等症状。

【病理变化】急性或亚急性死亡的病兔，肝脏有针头大的淡黄色或灰白色的坏死点。心肌、肾、脾也有相似变化。淋巴结肿大或水肿。胸、腹腔或心包内有多量清亮的液体。皮下水肿。肺出血或水肿。慢性病例除上述病变外，子宫内积有化脓性渗出物或暗红色的液体。妊娠兔子宫内有胎儿腐败，子宫壁增厚有坏死病灶。有神经症状的病例，脑膜和脑组织充血或水肿。

【防治】执行兽医卫生防疫制度，搞好环境卫生。大力灭鼠，防止野兔及其他畜禽进入兔场。兔笼、用具及场地经常进行全面消毒。注意防止人感染本病，特别是儿童和孕妇，不要接触病兔及其污染物。

【治疗】增效磺胺每千克体重 25 毫克，肌内注射，每天 2 次。青霉素每千克体重 4～11 毫克，肌内注射。庆大霉素每千克体重 1～2 毫克，肌内注射，每天 2 次。病兔群还可用青霉素混合于饲料中，每兔 2 万单位，每天饲喂 3 次，能有效地控制本病的发生与流行。

十二、坏死杆菌病

本病是兔的一种散发性传染病，以皮肤、皮下组织（尤其是面部、头部与颈部）、口腔黏膜的坏死、溃疡和脓肿为特征。病原为一种革兰氏阴性的多形态坏死杆菌。

【流行特点】坏死杆菌广泛分布于自然界，也存在于健康动物的扁桃体和消化道中，因此，病兔及带菌兔的分泌物、排泄物是重要的传染源。主要经损伤的皮肤、口腔与消化道黏膜而传染。多呈散发或地方流行性发生。幼兔比成年兔易感性高。

【症状】病兔停止采食，流涎，体重迅速减轻。唇部、口腔黏膜和齿龈、脚底部、四肢关节及颌下、颈部、面部以至胸前等处的皮肤和皮下组织发生坏死性炎症，形成脓肿、溃疡。病灶破溃后散发恶臭气味。

【病理变化】剖检见口腔黏膜、齿龈、舌面、颈部和胸前皮下、肌肉坏死。淋巴结尤其是颌下淋巴结肿大，并有干酪样坏死病灶。多数病例在肝、脾、肺等处见有坏死灶和胸膜炎、心包炎。四肢有深层溃疡病变。坏死组织有特殊臭味。

【防治】加强饲养管理，兔舍要光线充足、干燥和空气流通，保持清洁卫生。除去兔笼内的锐利物，防止损伤皮肤。如皮肤已损伤，应及时治疗，防止感染。

【治疗】首先去除坏死组织，口腔以 0.1% 高锰酸钾溶液冲洗，然后涂擦碘甘油每天 2 次。其他部位可用 3% 双氧水或 5% 来苏儿冲洗，然后涂 5% 鱼石脂软膏。当患部出现溃疡时，在清理创面后，涂擦土霉素软膏或青霉素软膏。

全身治疗可用磺胺二甲嘧啶，每千克体重 0.15～0.2 克，肌内注射，每天 2 次，连用 3 天。青霉素每千克体重 10 万国际单位，腹腔注射，每天 2 次，连用 4 天。

十三、泰泽氏病

兔泰泽氏病是以严重下痢、脱水和迅速死亡为特征的急性肠道传染病。本病由毛样芽孢杆菌引起。

【流行特点】本病死亡率高达 95％。本病由于病原菌在人工培养基上不能生长，故在我国报道较少，但实际上在家兔、实验用鼠和家畜等都时有发生。

本病多发于秋末至春初。仔兔和成年兔虽均可感染，但主要危害 1.5～3 月龄的幼兔。

本病主要经过消化道感染。病兔是主要传染源，排出的粪便污染饲料、饮水和垫草，健康兔食后即可发生感染。病原侵入小肠、盲肠和结肠的黏膜上皮，开始时增殖缓慢，组织损伤甚少，多呈隐性感染。遇有拥挤、过热、运输或饲养管理不良时，即可诱发本病，病菌迅速繁殖，引起肠黏膜和深层组织坏死，出现全身感染，造成组织器官严重损害。

【症状】发病急，以严重水泻为主。患兔精神沉郁、不食、虚脱并迅速脱水，发病后 12～24 小时死亡。少数病兔即使耐过也食欲不振，生长停滞。

【病理变化】尸体脱水、消瘦；回肠及盲肠后段、结肠前段的浆膜充血，浆膜下有出血点，盲肠壁水肿增厚，有出血及纤维素性渗出，盲肠和结肠内含有褐色粪水；肝脏肿大，有大量针帽大、灰白色或灰红色的坏死灶；脾脏萎缩，肠系膜淋巴结肿大；部分兔心肌上有灰白色或淡黄色条纹状坏死。

【防治】本病至今尚无有效的疫苗供应用。发现病兔应及时隔离或淘汰。在消除各种应激因素的同时，可用土霉素、青霉素等抗生素饮水或混料，以降低发病率。

十四、伪结核病

兔伪结核病是一种细菌性传染病，病原是伪结核耶尔森氏杆菌。该菌在自然界广泛存在，兔、猫、犬、鸡、鸽及野鼠等野生动物也能感染或带菌。带菌动物的粪、尿和分泌物排出大量病菌，常污染饲料、水源和用具，通过呼吸道、皮肤伤口、生殖道等途径均可感染，但主要经消化道感染，病菌经淋巴管到达肠系膜淋巴结，随后发生菌血症，分布到肝、脾和肺等全身各器官。

【流行特点】本病常以散发或地方性流行，病程呈慢性、消耗性经过，一般以夏、秋季发病较多。各种年龄的兔均可感染发病。

【症状】獭兔患病后呈渐进性消瘦，前期食欲不振，精神委顿，被毛粗乱，后期停食，直至衰竭死亡。

【病理变化】剖检时其典型病变为蚓突肿大，触之较硬，圆小囊肿大、变硬。在蚓突和圆小囊浆膜下有弥漫性、黄白色、针帽大的小结节。肠系膜淋巴结肿大，部分有黄白色大小不等的结节；脾脏通常肿大数倍，有许多黄白色、针帽至粟粒大的结节；肝肿大、质脆，部分有突出于肝表面的大小不等、黄白色的病灶；胆囊胀大，胆汁充盈。

【防治】预防可用兔伪结核病疫苗进行免疫注射。

【治疗】可用卡那霉素10万单位，肌内注射，每天2次，连续5～7天。

十五、葡萄球菌病

葡萄球菌病是一种獭兔常见病、多发病。本病的病原是金黄色葡萄球菌，其广泛存在于自然界中，空气、水、地表、尘土及人、畜体表都大量带菌。

【流行特点】本病常依不同的发病形式出现，如乳房炎、局部脓肿、脓毒败血症、黄尿病、脚皮炎等。无季节性，各种年龄的兔均可发病。

【症状】常见的症状有以下几种。

（1）脓疱　在兔体皮下、肌肉或内脏器官可形成一个或数个大小不一的脓肿。外表肿块开始较硬、红肿，局部温度升高，后逐渐柔软有波动感，局部坏死、溃疡，流出脓汁。内脏器官形成脓肿时，则影响患部器官的生理机能。

（2）转移性脓毒血症　脓疱溃破后，脓汁通过血液循环，细菌在血液中大量繁殖产生毒素，即形成脓毒败血症，病兔死亡迅速。

（3）仔兔脓毒血症　仔兔生后一周左右，在胸、腹、颈、颌下、腿内侧等部位的皮肤上出现粟粒大的乳白色脓疱，脓汁奶油状，病兔常迅速死亡。暂时未死的兔生长缓慢，形成僵兔。此多因金黄色葡萄球菌通过脐带或皮肤损伤感染引起。

（4）乳房炎　多因产仔箱边缘过于锐利，刮伤母兔的乳头或仔兔咬伤乳头后感染金黄色葡萄球菌引起。急性弥漫性乳房炎，先由局部红肿开始，再迅速向整个乳房蔓延，红肿，局部发热，较硬，逐渐变成紫红色。患兔拒绝哺乳，后渐转为青紫色，表皮温度下降，有部分兔因败血症死亡。局部乳房炎初期乳房局部发硬、肿大、发红、表皮温度高，进而形成脓肿，脓肿成熟后，表皮破溃，流出脓汁。有时局部化脓呈树枝状延伸，手术清除脓汁较困难。

（5）生殖器官炎症　本病发生于各种年龄的獭兔，尤其是以母兔感染率为高，妊娠母兔感染后，可引起流产。母兔的阴户周围溃烂，形成一片溃疡面，形状如花椰菜样。溃疡表面呈深红色，易出血，部分呈棕红色结痂，有少量淡黄色黏液性分泌物。患病公兔的包皮有小脓肿、溃烂或呈棕色结痂。

（6）黄尿病　系因仔兔吮食了患乳房炎母兔的乳汁或通过其他途径感染，引起急性肠炎。患兔肛门四周及后躯被毛潮湿、发黄、腥臭，体软昏睡，一般整窝发病，病程2～3天，死亡率高。

（7）脚皮炎　多发生于体重大的兔体。由于笼底板不平、硬、有毛刺或铁丝、钉帽突出于外或因垫草潮湿，脚部皮肤泡软以及足底负重过大，引起足底皮肤充血、脚毛磨脱或造成伤口感染发炎形成溃疡。起初，足掌底表皮充血、红肿、脱毛、发炎，有时化脓，患兔后躯抬高，或左右两后肢不断交替负重，躁动不安，形成溃疡面后，经久不愈。严重时四肢均有发病。病兔食欲减少，日渐消瘦、死亡或转为败血症死亡。

【病理变化】常可见皮下、肌肉、乳房、关节、心包、胸腔、腹腔、睾丸、附睾及内脏等各处有化脓病灶。大多数化脓灶均有结缔组织包裹，脓汁黏稠、乳白色呈膏状。

【防治】

(1) 脓疱　初起时，可以注射抗生素，如青霉素等，当脓疱形成后，应待其成熟，在溃破前切开皮肤，挤出脓汁，用双氧水、高锰酸钾溶液清洗脓腔，挤清后，内撒消炎粉或青霉素粉。注意切口尽量放在脓疱的较低位置，便于液体排出。隔2～3天，视恢复情况，再作处理。

(2) 乳房炎　乳房炎开始红肿可用冷敷，以减轻炎症反应。若表皮温度不高，可改为热敷。在发病区域分多点大量注射青霉素或庆大霉素、卡那霉素，用量一般为常规的2～3倍，一天2次，可很快控制蔓延。若表皮温度下降、变成青紫色，应用热敷加按摩，促进血液循环，同时局部和全身注射抗菌药。乳房炎形成脓肿后，按脓疱处理。

(3) 仔兔黄尿病　将体质较好的仔兔皮下注射青霉素、庆大霉素等抗生素，每天2次，直至康复，体表用酒精棉球消毒后，转移给其他健康母兔代哺。

(4) 脚皮炎　消除患部污物，用消毒药水清洗，去除坏死组织及脓汁等，涂以消炎粉、青霉素粉或其他抗菌消炎软膏，用纱布将患部包扎紧，以免磨破伤口。每周换药2次，置于较软的笼底板上或带松土的地面上饲养，直至患部伤口愈合，被毛较长足以保护皮肤时，解除绑带，送回原笼。

注射葡萄球菌病灭活疫苗可预防本病。母兔于配种前接种，仔兔断乳后接种，一年2～3次，可控制或减少本病的发生。

十六、密螺旋体病

兔密螺旋体病又称兔梅毒，主要以外生殖器、肛门、颜面部（口腔周围、鼻端）皮肤与黏膜发生炎症、结节和溃疡为主要特征的一种慢性传染病。病原是兔密螺旋体。

【流行特点】本病主要发生于性成熟的成年兔，以交配经生殖道感染为主。病兔污染过的垫草、饲料、用具等也可成为传播的媒介。本病发病率高，但死亡率低，有时仅引起局部淋巴结感染，外表看似健康，但长期带菌成为危险的传染源，本病潜伏期2～10周。本病不传染给其他动物和人。

【症状】患病公兔龟头肿大，包皮和阴囊水肿，皮肤呈糠麸样。母兔阴唇红肿，肛门周围的黏膜和皮肤潮红肿胀或出现粟粒大小的结节，在肿胀和结节部位有渗出物，形成紫红色或棕色的屑状结痂，痂皮下有局灶性溃疡。病灶可持续较长时间。局部感染也可蔓延到其他部位如眼睑、鼻、唇等处，被毛脱落。患病公兔不影响性欲，母兔则屡配不孕或受胎率不高。病兔的精神、食欲等无明显变化。本病亦可自然康复，但可重复感染。

【防治】新购入的兔要仔细检查外生殖器官，严防引入病兔；种公兔不应对外配种。发现病兔应停止配种，须隔离治疗或淘汰，并对笼具等用火焰消毒或用1∶400百毒杀喷雾消毒。

发病早期每只兔可用青霉素20万～40万国际单位肌内注射，每天2次，连续5天。也可用螺旋霉素等治疗。患部用0.1%高锰酸钾溶液清洗后，用碘甘油涂擦。

十七、皮肤霉菌病

兔皮肤霉菌病是一种真菌性传染病，主要侵害皮肤。最常见的病原是须发癣菌和小孢霉菌。

【流行特点】本病可通过与病兔相互接触传染，也可由人员和各种用具等间接传播。兔体营养不良、兔舍卫生条件差、采光和通风不良及在高温、高湿的环境下兔易生病。本病一年四季均可发生，呈地方性流行。各品种兔易感，幼龄兔比成年兔更易感。兔场发现少量病兔表现症状后，很快在全场传播开来。

【症状】霉菌主要在皮肤角质层，一般不侵入真皮层，但其代谢产物具有毒性，可引起真皮充血、水肿、发生炎症。皮肤霉菌感染通常起始于兔的口唇、眼周围或其附近，继而传播到肢端、腹部和其他部位。病变表现为不规则的块状或圆形兔毛脱落或断毛，皮肤呈痂皮样外观，毛囊和毛囊周围炎症，或表现为圆形、突起、带灰色或黄色痂皮，痂皮脱落后可出现硬块和溃疡，用力挤压呈多点挤出脓汁。母兔乳房周围首先出现小红点，继而扩大、变硬，破溃后，可挤出脓汁。该发病母兔的仔兔在哺乳期间就会出现本病症状。

【防治】本病可传染给人，尤其是儿童，故接触病兔者应采取防护措施。

（1）患部先清除残毛、痂皮等再外涂抗真菌药，如皮癣康、制霉菌素软膏等，每天 2 次。皮肤表现健康后，继续用药 7～10 天。

（2）内服皮癣宁粉，每千克饲料中添加 1 克，连喂半月。克霉唑片，每兔 0.25 克，每天 2 次，连喂半月。

（3）兔舍用兔霉净或百毒杀等消毒药喷雾消毒，笼具等用火焰消毒。严重时用消毒药液对兔体进行药浴。

第二节　寄生虫病

一、兔螨病

兔螨病又称兔疥癣，俗称生癞，是獭兔常见、多发的寄生虫病。病原主要是疥螨和痒螨。螨从卵发育到成虫需要 7～15 天，中间经过卵-幼虫-稚虫-成虫四个阶段。成虫的寿命为 4～6 周。

本病全年均可发生，秋、冬及初春季节多发。

【流行特点】本病主要通过病兔与健康兔的直接接触感染，兔笼、用具等间接接触也能感染。该病具有高度侵袭性，少数兔患病后如未及时采取有效防治措施，会迅速感染整群。

【症状】按螨的寄生部位可分为耳螨和体螨两类。耳螨常发生于獭兔耳壳内面，病原是痒螨。始发于耳根处，先发生红肿，继而流渗出液，患部结成一层粗糙、增厚、麸样的黄色痂皮，进而引起耳壳肿胀、流液、痂皮越积越多，以致呈纸卷状塞满整个外耳道。螨在痂皮下生活、繁殖，患兔表现焦躁不安，兔经常摇头并用后肢抓头耳部，食欲下降，精神不振，逐渐消瘦，最后死亡。

体螨的病原叫疥螨，多发于脚趾。感染部位的皮肤起初红肿、脱毛，渐变肥厚，多褶，继而龟裂，逐渐形成灰白色痂皮。由于患部奇痒，病兔经常用嘴啃咬脚趾，鼻端周围也易被感染，严重时身体其他部位也被感染。患部常因病兔趾抓、嘴啃或在兔笼锐边磨蹭止痒，以致皮肤抓伤、咬破、擦伤并发炎症。病兔因剧痒折磨饮食减少，消瘦、死亡。

【防治】预防本病，首先从引种把关抓起，从无本病的种兔场购买。定期用三氯杀螨醇水溶液等杀螨类药液消毒兔舍、场地和用具，保持兔舍干燥、清洁、通风良好。笼底板要定期替换，浸泡于杀虫、消毒溶液中洗刷消毒。对兔群定期检查，发现病兔应隔离、治疗和消毒，尽量缩小传播范围。

用外涂药治疗时要先剪去患部周围被毛，刮除痂皮，放在消毒液中，再用药物均匀涂擦患部及其周围。隔 7～10 天重复一次，以杀灭虫卵新孵出的成虫。每次治疗结合全场大消毒，特别要对兔笼周围及笼底板严格细致消毒，以减少重复感染。

常用药物及用法如下。

（1）灭虫丁　内含阿维菌素，每千克体重肌内注射 0.2 毫升或外涂。

（2）乐杀螨　0.1% 水溶液外涂。

（3）蝇毒磷　0.3% 水溶液外涂。

二、兔球虫病

球虫病是獭兔最常见且危害严重的寄生虫病，本病病原是兔艾美尔球虫。

球虫属于单细胞原虫，寄生于兔的有 14 种。球虫在兔体内寄生、繁殖，卵囊随粪便排出，污染饲料、饮水、食具、垫草和兔笼，在适宜的温度、湿度条件下变为侵袭性卵囊，易感兔吞食有侵袭力的卵囊后而致感染。卵囊对外界环境的抵抗力较强，在水中可存活两个月，在湿土中可存活一年多。它对温度很敏感，在60℃水中20分钟死亡；80℃水中10分钟死亡；开水中5分钟就死亡。在—15℃以下卵囊就会冻死，但一般的化学消毒剂对其杀灭作用很微弱。依球虫寄生的部位，可将它分为两类：寄生于肝脏、胆管上皮细胞内的称为肝球虫；寄生于肠道上皮细胞内的叫肠球虫。但在临床上所遇到的往往是这两类混合感染的球虫病。

【流行特点】本病一年四季均可发生，在南方梅雨季节常呈现发病高峰；在北方以夏、秋季较多发，均呈地方性流行。各品种的獭兔均易感，断奶后至3月龄的兔最易感，发病死亡率可达50%以上。一般成年兔感染后带虫，极少发病死亡，但能排出卵囊。

【症状】球虫病的潜伏期为2~3天或更长。肝球虫病症状为精神委顿、食欲减退，发育停滞、消瘦，肝区有压痛、贫血，可视黏膜苍白，部分出现黄疸。

肠球虫病大多呈急性经过，幼兔常突然歪倒，四肢痉挛划动，头向后仰，发出惨叫，迅速死亡，或可暂时恢复，间隔一段时间，重复以上症状，最终死亡。慢性肠球虫病表现为食欲不振、腹胀、下痢。

【病理变化】肝球虫病死兔剖检可见肝脏明显肿大，上有黄白色小结节，内有大量卵囊；胆囊胀大，胆汁浓稠，在胆管、胆囊黏膜上取样涂片，能检出卵囊。

肠球虫病的病理变化主要在肠道，肠壁血管充血，肠腔臌气，肠黏膜充血或出血，十二指肠扩张、肥厚，黏膜有充血或出血性炎症，小肠内充满气体和大量黏液。急性病例有时肉眼不能发现病变。主要依据球虫卵囊检出作判断。慢性时，肠壁呈淡灰色，有许多针帽大的黄白色结节和小的化脓性、坏死性病灶，结节内含大量球虫卵囊。

【防治】

（1）兔舍建筑应选择向阳、高燥的地方，并要保持环境的清洁卫生。

（2）食具要勤清洗消毒，兔笼尤其是笼底板要定期用火焰消毒，以杀死卵囊。

（3）断奶以后至 3 月龄的兔应用药物控制球虫病的发生，且不分季节。为防止产生抗药性，可采用几种抗球虫药物轮换使用。

常用预防球虫病的药物及用法如下。

①抗球星：广谱苯乙腈类抗球虫药，每百千克饲料混药 100 克。

②氯羟吡啶：每百千克饲料混药 20～25 克饲喂。

③兔球灵：每天每千克体重 50 毫克口服或每百千克饲料 50 克混饲。

④氯苯胍：每天每千克体重 15 毫克拌料。

上述药物也可用于治疗，一般用预防剂量的 2～3 倍，毒性强的药物除外。不完全喂料时应在料中增加用药量。在众多抗球虫药中，含有马杜霉素的各种剂型的药，不能用于兔，否则会发生中毒死亡。

三、弓形虫病

【病因】兔弓形虫病是一种人兽共患病，病原是一种原虫，叫弓形虫。弓形虫病在人畜及野生动物中广泛传播，各种兔均可感染。猫是弓形虫的终末宿主，在猫小肠上皮细胞内进行类似于球虫发育的裂体增殖和配子生殖，最后形成卵囊随猫粪便排出体外，卵囊在外界环境中经过孢子增殖发育为含有两个孢子囊的感染性卵囊。其他动物作为弓形虫的中间宿主，弓形虫可在全身各组织脏器的有核细胞内进行无性繁殖。动物吃了猫粪中的感染性卵囊或含有弓形虫速殖子或包囊的中间宿主的肉、内脏、渗出物、排泄物和乳汁而被感染。速殖子还可以通过皮肤黏膜感染，也可以通过胎盘感染胎儿。兔饲料被含有大量弓形虫卵囊的猫粪污染，是兔场弓形虫病暴发流行的主要原因。

【症状】分急性型、慢性型和隐性型。①急性型，主要发生于仔兔，病兔以突然不吃食、体温升高和呼吸加快为特征。有浆液性或浆液脓性眼和鼻分泌物。病兔嗜睡，并于几日内出现全身性惊厥的中枢神经症状。有些病例可发生麻痹，尤其是后肢麻痹。通常在发病2～8天后死亡。②慢性型，常见于老龄兔，病程较长，病兔厌食而消瘦，中枢神经症状通常表现为后躯麻痹。病兔可突然死亡，但多数病兔可以康复。③隐性型，感染兔不呈现临床症状，但血清学检查呈阳性。

【病理变化】急性型病变以肺、淋巴结、脾、肝、心脏坏死为特征，有广泛性的灰白色坏死灶及大小不一的出血点，肠道黏膜出血及溃疡，胸、腹腔液增多。慢性型主要表现内脏器官水肿，有散在的坏死灶。隐性型主要表现中枢神经系统受包囊侵害的病变，可见肉芽肿性脑炎，伴有非化脓性脑膜炎的病变。

【防治】兔场内禁止养猫，并大力灭鼠。管好饲草、饲料，防止被猫粪污染。病死兔尸体要深埋或烧毁。平常应对兔舍、兔笼等加强消毒。

治疗用磺胺类药物有较好的疗效。治疗本病效果最好。每千克体重用磺胺嘧啶（SD）70毫克，三甲氧氨苄嘧啶14毫克，每天2次口服，首次剂量加倍，连用3～5天。或每千克体重用磺胺甲氧吡嗪30毫克加三甲氧氨苄胺嘧啶10毫克，每天1次口服，连用3天。

四、肝片吸虫病

【病因】兔肝片吸虫病主要危害以喂青饲料特别是水生植物为主的兔，发病率和死亡率高，可造成严重的经济损失。病原是肝片吸虫，它寄生在肝脏胆管中，虫体在胆囊中产卵，卵随胆汁进入消化道，随粪便排出体外，落入水中孵化出毛蚴。毛蚴在中间宿主——椎实螺体内发育最后形成大量尾蚴，附着在水生植物或水面上，形成囊蚴。兔食入或饮入带有囊蚴的植物或水而被感染。

【临床症状】一般表现厌食、衰弱、消瘦、贫血、黄疸等。严重时眼睑、颌下、胸腹下出现水肿。一般经 1～2 个月后因恶病质而死亡。

【病理变化】主要为胆管壁粗糙增厚，呈绳索样凸出于肝脏表面，切开肝脏，胆管中含有虫体。

【防治】尽量不喂水生植物。对以喂青饲料为主的兔，每年进行两次预防性驱虫。兔粪应集中处理，堆积发酵。

常用的驱虫药包括以下几种。

(1) 蛭得净 每千克体重 10～15 毫克拌料，一次口服。

(2) 丙硫咪唑 每千克体重 10～15 毫克，一次口服。

(3) 硫双二氯酚 每千克体重 50～80 毫克内服。用药后可能出现腹泻和食欲减退等副作用。

第三节 普通病

一、胃肠臌气

【病因】本病又称积食症、臌胀病，多发于断乳后至 6 月龄的獭兔。主要因贪食过多含露水的豆科饲草、易膨胀的饲料及腐烂、霉变、冰冻的饲料而致病，临床上常继发便秘和大肠臌气。

【症状】患兔常于采食后数小时开始发病。患兔伏卧不动，表现痛苦，眼半闭或睁大、磨牙、呼吸困难、心跳加快、结膜潮红，呈犬坐姿势，腹部膨大，叩诊呈鼓音，反射性地流口水。最后因窒息或胃破裂死亡。

【防治】平时饲喂要定时、定量，禁喂腐烂、霉变或冰冻的饲料，更换适口性好的饲草、饲料时应逐渐增加。发病后应停喂饲料并及早治疗。

(1) 植物油 10～20 毫升、香醋 5～10 毫升灌服。

(2) 小苏打或大黄苏打片 1～2 片研末灌服。

(3) 萝卜汁 10～20 毫升灌服。

在服用上述药物后应驱赶患兔运动或按摩其腹部以减轻

症状。

二、便秘

【病因】便秘主要因难消化的粗纤维饲喂过量、青饲料或饮水不足，或因患毛球病等而引起胃肠蠕动减弱所致。有些急性或热性病下痢后可继发便秘。

【症状】患兔食欲不振或废绝，肠音减弱或消失，触诊腹部，肠管内容物较硬，成圆筒状，排粪困难或排粪量少，粪球小，甚至不排粪。

【病理变化】在盲肠、结肠、直肠中可见干硬的肠内容物及粪便，肠壁很薄，有时出血。

【防治】平时应注意青、粗、精饲料合理搭配，供给充足饮水，定时定量饲喂，防止贪食过量。

【治疗】①可一次灌服植物油 10~20 毫升。②用人工盐 5 克、蒜泥 5 克加香醋 10 毫升灌服。③大黄片 1~2 片，维生素 B_1，食母生 2 片研末内服，每天 2 次，连服 3~5 天。④皮下注射硝酸毛果芸香碱 0.5~1 毫升（1~2 毫克）可促进胃肠蠕动，排出积粪。必要时实施温肥皂水灌肠，以促使粪便排出。操作方法为：患兔头部稍低，后躯抬高，用粗细能插入患兔肛门的塑料软管，管头部应光滑，涂上油后轻轻插入肛门内 5~8 厘米处，缓缓灌以 40℃温肥皂水 50~100 毫升后，慢慢拔出软管，用手捏住肛门封闭数分钟后，任其粪水流出即可。

该病发现早较易治疗，病程长、体质差的兔很难治愈。故发现粪粒较小时就应及早治疗。

三、食毛癖、毛球病

【病因】患兔大量吞食自身或其他兔被毛的现象称为食毛癖。大量兔毛在胃内与食物纠结成毛团，堵塞幽门或滞留在十二指肠而发生的疾病为毛球病。

兔饲料中缺少某些体内不能合成的含硫氨基酸如蛋氨酸、胱氨酸、半胱氨酸及微量元素和维生素时，易发生食毛癖。粗纤维不足可能也是病因之一，有的兔爱食其他兔的毛，其他兔模仿，引起许多兔互相食毛。

【症状】患兔表现食欲不振、喜伏卧、好饮水，日渐消瘦和便秘。粪球中含较多兔毛，甚至由兔毛将粪球相连成串状，腹部触诊在胃或肠道中摸到毛球，大小不等，较硬，可轻轻捏扁，本病多发于长毛兔。

【防治】加强饲养管理，日粮中注意补充含硫量高的动、植物蛋白质饲料如血粉、蚕蛹、大豆饼、芝麻饼、花生饼、黄豆、豌豆等，以及供给充足的粗纤维、微量元素和维生素等，可防止食毛癖的发生。发现患兔要及时分笼饲喂，以免互相啃食被毛。患兔每日喂服蛋氨酸 1~2 克，一周内可停止食毛癖。

发生毛球病后，早期一次内服植物油 20~30 毫升或人工盐 3~5 克溶水灌服，并投以易消化的柔软饲料以泻出毛球。食欲不佳时，可喂大黄苏打片 1~2 片或人工盐 1~2 克以温水灌服。

四、胃肠炎

【病因】獭兔胃肠道黏膜及其下层组织发生炎症并引起一定程度的毒血症称为胃肠炎。由于饲养管理不善，饲草不清洁，饲料配合不当及其他对胃肠道有害刺激都能引起发病。特别是在雨季，兔舍潮湿，饲草沾污泥水常可致病。断奶不久的幼兔体质较差，常因贪食过多的草料而发生胃肠臌气，继发胃肠炎。另外，獭兔吃了腐败变质的草料、冰冻的饲料及误食了有毒植物，也都会发生胃肠炎。各品种、年龄的兔都易发病，尤以幼兔发病率高、死亡率高。

【症状】患兔食欲减退，精神不振，常卧伏于兔笼一隅。随着炎症的加剧，患兔食欲废绝，腹围增大，肠管臌气，肠音响亮。通常先便秘，后腹泻。粪便有的呈绿黑色水样，带恶臭味，也有的呈灰白色胶冻样或带黄色黏液和气泡的稀粪。尿液呈乳白色、酸性。病兔脱水、消瘦。病程 1~7 天。

【病理变化】包括胃内充满食物，胃黏膜脱落。盲肠臌气。有的回肠、盲肠、结肠内容物较稀并有胶冻样的物质。实质脏器一般正常。

【防治】应以加强饲养管理为主。禁止饲喂腐烂变质的饲料，合理饲喂多汁、青绿饲料，保持兔舍和用具的清洁卫生。对病兔要停喂干、硬等不易消化的饲料，给予少量清洁的青嫩蔬菜或易消化的饲料。

【治疗】应以消炎、杀菌、健胃、补液、强心为主的综合疗法。可用痢特灵半片、干酵母2片、矽碳银1片混合研末，加适量温水一次灌服，连服2～3天。也可用50%葡萄糖注射液5～10毫升、黄连素注射液1毫升加维生素C注射液1毫升混合静脉注射或皮下注射，每天2次，连用数天。

五、腹泻

【病因】本病是指临床上具有腹泻症状的一类疾病，主要表现是粪便不成球形，稀软，呈粥状或水样便。各种年龄的獭兔均可发生，但以断奶前后的幼兔发病率最高，治疗不当常引起死亡。病因众多，如饲料不清洁，混有泥沙、污物等或饲料发霉、腐败变质；饲料中含粗纤维过多或过少或吃了大量的冰冻饲料；饮水不卫生或夏季不经常清洗饲槽，不及时清除残存饲料，以致酸败而致病；饲料突然更换，特别是断奶的幼兔，更易发病；兔舍潮湿，温度低，獭兔腹部着凉；口腔及牙齿疾病，也可引起消化障碍而发生腹泻等。

【症状】

(1) 消化不良性腹泻 病兔食欲减退、精神不振、排稀软便、粥样便或水样便、被毛污染、失去光泽。病程长的渐渐消瘦，虚弱无力，不愿运动，有的出现异嗜，如被毛或粪尿污染的垫草，有的出现轻度腹胀及腹痛。

(2) 胃肠炎性腹泻 病兔食欲废绝，全身无力，精神倦怠，体温升高。腹泻严重的病兔，粪便稀薄如水，常混有血液和胶冻样黏液，有恶臭味。腹部触诊有明显的疼痛反应。由于重度腹泻，呈现脱水和衰竭状态，病兔精神沉郁，结膜暗红或发绀，呼吸促迫，常因虚脱而死亡。

【病理变化】包括肠道黏膜增厚、充血，用刀子可以刮掉肠黏膜，肠内容物通常呈黄绿色。严重时可见肠黏膜剥脱，出血，肠壁变薄，内容物呈红褐色。

【防治】平时加强饲养管理，不喂霉变腐败饲料、饲草。要保持兔舍清洁、干燥，温度适宜，通风良好。料槽、水槽定期刷洗、消毒。饮水要卫生，垫草勤更换。饲喂断奶幼兔要定时定量，防止过食。更换饲料应逐渐进行。

【治疗】发现病兔，应停止给料，但水照常供应。体质较好时，用轻泻药如人工盐 2～3 克，加水 40～50 毫升灌服；或植物油 10～20 毫升灌服。隔 1～2 小时喂酵母片 2～3 片或乳酶生 4～6 片，每天 2～3 次。

腹泻较重时可用抗菌药物，如痢特灵、磺胺脒、敌菌净等，每兔每次 1～2 片，每天 2～3 次，连喂 2～3 天。或用广谱抗生素，如庆大霉素，每兔 0.5～1 毫升，肌内注射，1 天 2 次，连用 3 天。

食欲差的兔可灌服健胃剂，如大蒜酊、龙胆酊、陈皮酊 2～4 毫升。或可静脉注射葡萄糖盐水、5％葡萄糖液 30～50 毫升，20％安钠咖液 1 毫升、维生素 C 1.0 毫升，每天 1～2 次，连用 2～3 天。

六、感冒

【病因】本病是獭兔常见的呼吸道疾病之一，若治疗不及时，容易继发支气管炎和肺炎。主要原因是寒冷的气候突然侵袭致病。如兔舍冬季保温不良，突然遭到寒流袭击；或早春、晚秋季节，天气骤变，日夜间温差过大，机体不适应而抵抗力降低等。

【症状】天气突然寒冷后，很多兔发病。病兔精神沉郁，眼半闭。食欲减退或废绝。体温升高，四肢末端及耳鼻发凉，结膜潮红、伴发结膜炎时，怕光流泪。有时咳嗽，打喷嚏，流水样鼻汁。

【防治】平时应加强管理，随时注意天气变化，及时做好防寒保暖工作。对病兔要精心饲养，避风保暖，喂给易消化饲料，充分供给清洁饮水。

【治疗】①可口服扑热息痛，每次 0.5 克，每天 2 次。②肌内注射青霉素 20 万～40 万国际单位，或链霉素 0.25～0.50 克。③也可注射磺胺二甲嘧啶，每次每千克体重 70 毫克，每天 2 次，连用 2～3 天。

七、肺炎

【病因】兔肺炎多因病原菌感染所引起，天气寒冷、体质差是发病的诱因。常见的有肺炎双球菌、葡萄球菌、棒状化脓杆菌、支原体等。灌药时不慎使药液误入气管，可引起异物性肺炎。

【症状】精神不振，食欲减退或废绝。结膜潮红或发绀。呼吸加快，有不同程度的呼吸困难，严重时伸颈或头向后仰。咳嗽，鼻腔有黏液性或脓性分泌物。若不及时治疗，可发生死亡。

【病理变化】为肺表面可见到大小不等、深褐色的斑点状肝样病变。

【防治】加强饲养管理，增强兔的抗病力。严寒季节要注意保温，剪毛、拉毛尽量避开寒流，或采取部分剪、拉毛的办法，幼兔更要注意保温防寒。同时注意保持室内空气新鲜，勤打扫粪尿。病兔要放在温暖、干燥与通风良好的环境中饲养，并给予营养丰富、易消化饲料，保证饮水，防寒保暖。

【治疗】用抗生素和磺胺类药物。①青霉素、链霉素肌内注射，青霉素每兔 40 万～50 万国际单位，链霉素每兔 40 万～50 万单位每天 2 次。②环丙沙星注射液每千克体重 1 毫升，肌内注射，每天 2 次。③土霉素内服，每兔 1 片，每天 3 次，用药 3～5 天。④体质较差的兔，静脉注射 5%葡萄糖液 30～50 毫升，强心注射液 0.5 毫升。

八、流产与死产

母兔怀孕中止，产出未足月的胎儿称为流产；怀孕足月，但产出已死的胎儿称为死产。

【病因】引起流产与死产的原因很多。各种机械性因素，如剧烈运动、捕捉保定方法不当、摸胎用力过大、产箱过高、洞门太小或笼舍狭小使腹部受挤压撞击等均可造成流产。强烈的噪声、突然的响声、犬猫及野生动物窜入造成惊吓，饲料营养不全，尤其是某些维生素和微量元素不足，饲料中毒，生殖器官疾病，以及某些急性热性传染病和重危的内外科疾病，也可引起流产与死产。有些初产母兔在产第一窝时高度神经质，母性差，也会造成死产。另外，内服大量泻剂、利尿剂、麻醉剂等也能引起流产与死产。

【症状】一般在流产与死产前无明显症状，或仅有精神、食欲的轻微变化，不易注意到，常常是在笼舍内见到母兔产出的未足月胎儿或死胎时才发现。有的怀孕 15～20 天，衔草拉毛，或无显蛔，产出未足月的胎。有的比预产期提前 3～5 天产出死胎。有时产出一部分死胎、一部分活胎。产后多数体温升高，食欲不振，精神不好。有时产后无明显症状。

【防治】加强饲养管理，保持兔舍安静，排除造成本病的其他原因。对流产后的母兔，应喂给营养充足的饲料，及时用抗菌类药物口服或注射，控制炎症以防继发感染。

九、难产

【病因】獭兔难产的原因主要有：产力不足、产道狭窄和胎儿异常。饲养管理不当，使母兔过肥或瘦弱，运动和日照不足等可使母兔产力不足。早配、骨盆发育不全、盆骨骨折、盆腔肿瘤等可造成产道狭窄而难产。胎势不正，或胎儿过大、过多、畸形、胎儿气肿及两个胎儿同时进入产道，都可成为难产的原因。

【症状】孕兔已到产期，拉毛做窝、子宫阵缩努责等分娩预兆明显，但不能产出仔兔。或产下部分仔兔后仍起卧不安，频频排尿，触摸腹部仍有胎儿，有时可见胎儿部分肢体露于阴门外。

【防治】应根据原因和性质，采取相应的助产措施。对产力不足者，可应用脑垂体后叶素或催产素，配合腹部按摩助产。配种后31天仍未产仔时，应检查母兔，如确认正常怀孕，应用脑垂体后叶素或催产素催产，以免难产。催产无效或因骨盆狭窄及胎头过大，胎位、胎向、胎势不正不能产出时，可消毒外阴部，产道内注入温肥皂水或润滑剂，矫正胎位、胎向、胎势后将仔兔拉出。拉出困难，或强拉会损伤产道时，可分割胎儿或作剖宫取胎。

獭兔剖宫产时，取仰卧或侧卧保定，在耻骨前沿腹正中线，术部剃毛，用75%酒精或0.1%新洁尔灭液消毒，0.5%盐酸普鲁卡因液局部浸润麻醉，切开腹壁，取出子宫，并用大纱布围裹，与腹壁隔离，切开子宫取出胎儿及胎衣，清洗消毒、缝合、还纳子宫，常规方法缝合腹膜、腹肌及皮肤。术后应用抗生素注射3～5天。

十、不孕症

【病因】母兔不孕比较常见，其原因是多方面的。母兔患有各种生殖器官疾病，如子宫炎、卵巢肿瘤等是不孕的主要原因。母兔过肥、过瘦；饲料中蛋白质缺乏或质量差，维生素含量不足；换毛期内分泌机能紊乱，以及公兔生殖器官疾病、精液不足或品质差，也是不孕的重要原因。葡萄球菌病、李氏杆菌病、兔梅毒病等也可造成不孕。

【防治】应及时治疗生殖器官疾病，对屡配不孕者，应予淘汰。平常应注意饲料营养配合全面，合理饲喂，避免兔过肥或过瘦，配种前5～10天适当补充维生素E。保证光照时间，每天10～12小时，短日照期可补充人工光照。应避免长期处于高温环境，特别是种公兔。若因卵巢机能降低而不孕，可皮下或肌内注射促卵泡素（FSH），每天0.6毫克，用4毫升生理盐水溶解，每天2次，连用3天，于第四天早晨母兔发情后，再耳静脉注射2.5毫克促黄体素（LH）后马上配种。

十一、妊娠毒血症

【病因】本病为母兔怀孕后期的一种代谢性疾病。原因尚不十分清楚。目前认为与营养失调和运动不足有关。

【症状】临床症状表现不一，轻的无明显临床症状，重的可迅速死亡。一般表现精神沉郁，呼吸困难，呼出气体带有酮味（似烂苹果味），尿量减少。死前可发生流产、共济失调、惊厥及昏迷等神经症状。

【病理变化】剖检可见母兔体肥，乳腺分泌旺盛，卵巢黄体增大。肝、肾、心脏苍白，脂肪变性。

【防治】加强对母兔的饲养管理，维持七八成膘情。在妊娠后期供给富含蛋白质和碳水化合物的饲料，不喂腐败变质饲料，避免饲料的突然更换和其他的应激因素。发现病兔后应静脉注射葡萄糖液、维生素C、饲料或饮水中加葡萄糖粉、多种维生素。

十二、中暑

【病因】獭兔长时间处于高温环境中而发病称为中暑。獭兔因为汗腺不发达，体表散热又慢，较易发生中暑，长毛兔发病高于皮肉兔，妊娠后期母兔更易发生。露天或半封闭式笼内饲养的獭兔，因长时间受强烈阳光的直射，又缺乏饮水易造成发病。天气闷热、兔舍潮湿、通风不良、饲养密度过大等造成中暑。长途运输时通风不良、密度过高容易发生本病。

【症状】病兔精神沉郁、无食欲，眼结膜充血、潮红，体温升高，呼吸、心跳加快。重病兔呼吸困难，黏膜发绀，体温在40℃以上；从口和鼻中流出的黏液带血；全身乏力、四肢伸展伏卧或侧卧于笼底；四肢间歇性抖动，最后抽搐死亡。也有的兔表现兴奋，盲目奔跑而后昏倒，痉挛而亡。

【防治】预防应以遮阳、通风、降温为主。要适当降低饲养密度，高温季节，垫草不宜太厚。夏天长途运输应夜间行车，装运密度宜低，中途停车应在遮阳凉爽处。高温季节到来前长毛兔应及时剪毛。高温期间应供给充足饮水，最好是温度较低的井水，早晚多喂青绿多汁饲料，室内加强通风，或用凉水泼浇、喷雾。

【治疗】应立即将患兔置于阴凉、通风处，在头部放置冷水毛巾降温。也可给予十滴水 2～3 滴加温水适量灌服或喂服人丹 2～3 粒。将风油精滴喂 1～2 滴或涂擦于患兔鼻端也有良效。施行耳静脉放血，以减轻脑部和肺部的充血，也是抢救的应急措施。

十三、有机磷中毒

【病因】有机磷农药是我国目前仍在应用的一类高效杀虫剂如乐果等。獭兔多因误食了被有机磷农药污染的饲草、饲料或由于使用敌百虫等有机磷药物治疗体内、外寄生虫时，因剂量、浓度和方法掌握不当而引起。

当有机磷农药以消化道或皮肤等途径进入兔体而被吸收后，与体内的乙酰胆碱能神经末梢的胆碱酯酶结合，失去对神经递质乙酰胆碱的分解功能而出现了一系列神经症状。

【症状】患兔表现为食欲不振、流涎、呕吐、腹痛、腹泻、尿失禁，兴奋不安，全身肌肉震颤、抽搐，心跳加快、呼吸困难、可视黏膜苍白、瞳孔缩小等，最后常昏迷死亡。

【病理变化】剖检时，如有机磷农药进入消化道的，可在剖开胃、肠时闻到胃肠内容物中有浓烈的有机磷农药的特殊气味；胃、肠黏膜充血、出血、肿胀，黏膜易脱落，肺充血水肿。

【防治】要加强对农药的专人管理；禁喂刚喷撒过有机磷农药、尚有残留的各种新鲜植物或拌有有机磷农药的谷物种子；在使用有机磷药物驱除家兔体内、外寄生虫时，要专人负责，正确使用，注意观察。

獭兔中毒后，应尽快查明原因，解除毒源，皮下或静脉缓慢注射特效解毒药——解磷定，每千克体重 15 毫克，每天 2～3 次，连用 2～3 天；为缓解症状，应尽快使用拮抗药物阿托品，每次每兔 1～5 毫克，每 1～2 小时 1 次，直至症状缓解为止。同时采用灌服活性炭等相应辅助治疗措施。

十四、霉菌毒素中毒

　　【病因】饲料饲草如被镰刀菌、黄曲霉菌、赤霉菌、白霉菌、棕霉菌、黑霉菌等污染，霉菌会产生大量毒素。獭兔采食后，就会发生中毒。其中尤以幼龄兔和老龄体弱兔发病死亡率高。

　　【症状】患兔精神沉郁，被毛干燥粗乱；初期食欲减退，后期废食；消化紊乱，先便秘、后腹泻，粪便中带有黏液或血液；口唇、皮肤发紫、可视黏膜黄染，流涎；常将两后肢的膝关节突出于臀部两侧，呈山字形伏卧笼内，全身衰弱，随着病情加重，出现神经症状，后肢瘫痪，全身麻痹死亡。

　　【病理变化】剖检可见胃肠道有出血性坏死性炎症，胃与小肠充血、出血；肝肿大、质脆，表面有出血点；肺充血、出血、水肿，表面有霉菌小结节；肾瘀血。

　　【防治】平时应加强饲料保管，防止霉变。严禁用霉变饲料喂兔。目前对本病尚无特效疗法，一般仍以对症治疗为主，可用 0.1% 高锰酸钾溶液或 2% 碳酸氢钠溶液 50～100 毫升灌服洗胃，然后灌服 5% 硫酸钠溶液 50 毫升或灌服稀糖水 50 毫升，外加维生素 C 2 毫升；也可试用制霉菌素和抗真菌药物治疗，用 10% 葡萄糖 50 毫升加维生素 C 2 毫升静脉注射，每天 1～2 次，或氯化胆碱 70 毫克、维生素 B_{12} 5 毫克、维生素 C 10 毫克一次口服均有一定疗效。民间也有用大蒜捣烂喂服的，每只兔每次 2 克，一天 2 次。

参 考 文 献

刘汉中.2010.獭兔日程管理及应急技巧［M］.北京：中国农业出版社.

陶岳荣.1998.科学养兔指南［M］.北京：金盾出版社.

徐立德.1994.家兔生产学［M］.北京：中国农业出版社.

张玉.2001.獭兔养殖问答［M］.北京：中国农业出版社.

张玉.2006.獭兔饲养技术［M］.北京：中国农业出版社.

张玉.2011.獭兔养殖大全［M］.北京：中国农业出版社.

本社同品种优秀图书推荐

作者	书名	定价（元）
张　玉	獭兔养殖大全（第二版）	28.00
朱瑞良	兔病　第二版	28.00
谷子林　秦应和　任克良	中国养兔学	188.00
熊家军	獭兔安全生产技术指南（农产品安全生产技术丛书）	18.00
曹　斌	无公害肉兔安全生产手册　第二版	30.00
谷子林	肉兔健康养殖400问　第二版	28.00
谷子林	獭兔养殖解疑300问　第二版	28.00
熊家军	肉兔安全生产技术指南（农产品安全生产技术丛书）	18.50
陆桂平　刘海霞　李巨银	肉兔生产配套技术手册（新编农技员丛书）	26.00
王丽哲　黄　明　阎英凯	兔产品加工新技术　第二版（畜禽水产品加工新技术丛书）	36.00
谢三星	兽医全攻略：兔病	40.00
王孝友　曹国文	兔病防控百问百答（专家为您答疑丛书）	11.00
谷子林	肉兔饲养技术（第二版）	15.00

（续）

作者	书名	定价（元）
任克良　陈怀涛	兔病诊疗原色图谱 （兽医临床诊疗宝典）	38.00
谢晓红　易　军 赖松家	兔标准化规模养殖图册 （图解畜禽标准化规模养殖系列丛书）	88.00
任克良　秦应和	轻轻松松学养兔	38.00
钟秀会　姜国均	生态养兔	22.00

开户银行：中国农业银行北京朝阳路北支行

银行账号：11－040101040003335

行号：39808

地址：北京市朝阳区麦子店街 18 号

邮编：100125

电话：010－59194312（4931）

　　　　　59194872

传真：010－59195130